静下来，找回初心

江晓英

著

台海出版社

图书在版编目（CIP）数据

静下来，找回初心 / 江晓英著. —— 北京：台海出

版社，2017.9

ISBN 978-7-5168-1537-3

Ⅰ.①静… Ⅱ.①江… Ⅲ.①心理学－通俗读物

Ⅳ.①B84-49

中国版本图书馆CIP数据核字（2017）第206821号

静下来，找回初心

著　　者：江晓英

责任编辑：王　品　　　　　　　装帧设计：仙　境
版式设计：曹　敏　　　　　　　责任印制：蔡　旭

出版发行：台海出版社

地　　址：北京市东城区景山东街20号　邮政编码：100009

电　　话：010 - 64041652（发行，邮购）

传　　真：010 - 84045799（总编室）

网　　址：www.taimeng.org.cn/thcbs/default.htm

E - mail：thcbs@126.com

经　　销：全国各地新华书店

印　　刷：保定市西城胶印有限公司

本书如有破损、缺页、装订错误，请与本社联系调换

开　　本：150×210　1/32

字　　数：135千字　　　　　　　印　张：8

版　　次：2017年11月第1版　　印　次：2017年11月第1次印刷

书　　号：ISBN 978-7-5168-1537-3

定　　价：36.80元

静下来，找回初心，方能不辜负生命中的美好。

在静中修行，并非一定要外界静下来，而是要你内心变得清净。

找回初心，克服内心的一切障碍，让骚动变为优雅。

静下来，用心体悟生活，发掘细节中的美好。

初心是什么？是好奇心，是包容心，是善心，是天真、简单、纯净的心，是本真的心，是坚定目标后的追求心，是赤子般对生活热爱的心。

自序

如果将生活喻为一片海洋，那么，我们每个人都是一艘船，时时刻刻行进在辽阔无垠的汪洋中。

从一个渡口出发，驶向下一个渡口。从这个码头解缆，抛锚于另一个码头。如此周而复始地起航——停泊，停泊——起航，只为寻找心中那个彼岸。

而彼岸于何处？

不知道它在何方，又落脚于何处。最终答案，唯有问我们自己。

既然将生活视为海洋，那么扬帆起航即是常事。

所谓事事有机缘，事事有机遇，事事有机会，学会顺应而为，才是因应之道。

顺风时，借势畅快而行，享乘风而行的天马行空。逆风时，学会与海燕并肩翱翔，穿越暴风雨，冲破厚云层，绽放无畏心。不论顺境还是逆境，都要坦然面对风云变幻莫测的明天，以理想为风帆，掌舵好人生的目标和方向，如此才能永葆风帆的张力和韧性，在坚定中勇往直前。

有理想的生活才会五彩斑斓、五光十色，有着谜一样的未来期许和美好憧憬。

其实，生活就是一个万花筒，有五花八门的颜色，有各式各样的模样，有形形色色的姿态，身在其中，难免会迷失方向，不小心丢掉自己，模糊了生活的底色，失去了生命的本色，最终沦为"迷途的羔羊"，任由现实宰割和欲望摆布。

甘心于此吗？答案唯一且肯定是：不！

那么，面对如此纷繁复杂的社会情境，我们该如何安身立命呢？

蔚蓝的海告诉我们：坚持本性、本真，才是生存根本。

你看那浩渺寥廓的蓝铺天盖地席卷而来，与长空混为一色。低头水作镜，仰望云为影，天与海在彼此的凝视中徜徉恣意。海让我们眼界开阔，心怀包容，圆融彼此。

行走在喧嚣纷扰的世界中，以海这样透明、简单、干净的纯粹心看待问题、看待人事、看待生命的阴晴圆缺，不正是另一种不圆满的美吗？

海是有力量的。一浪接一浪的洪波涌起，日月穿行其间，引起潮起潮落更迭无常，其魔力和能量是毋庸置疑的。

海缔结了最强大的风暴，最高亢的海啸，最连绵的翻滚，如果规律引导、正确吸纳则为正能量，不谙其道则会被反噬，从而颠覆生命的舟楫，将我们打入人生低谷中。

海在平静中随缘随遇随性随时接纳因缘际会的相逢一笑，厚积薄发，随波逐浪，等风一来，它就会蔚然壮阔起来。

我们的人生，不也是如此吗？

机遇，留给有本事的人。机会，给予能等候的人。机缘，赠予有缘分的人。我们准备好，便会铸造出一种百折不挠、积极乐观、开朗向上的精神。因为这样的人懂得，人生如波澜，有高就有低，有前浪自然会酝酿后波。低谷时蛰伏，高峰时肆意，平静时坦然，于是，生活中就会随波顺势而为，避免了不必要的日子消耗和时光流逝。

每一个人都是汪洋中的一艘船，船与船，船与风向、海水、天空纵横交错、彼此起伏、心心相印、生死相依，它们协奏成一部交响乐章，和谐成一曲欢快圆舞，清亮、美妙、高亢、有力。

然而，在这些光鲜灿烂的背后，总会有那些若隐若现的暗疾，阻碍着我们前行的方向。那些阻碍透着如海水般的咸，似泪水，像汗滴，似我们奔跑后抵达终点瞬间的热泪盈眶。唯有尝过这般滋味，才能明白生活的意义和人生的价值。

尽管，我们也知道会为此会付出艰辛、困苦、操劳，但是，我们更懂得，没有这些，很多伟大的成就难以诞生。

因而，在那些带着付出的汗水的咸咸体味中，更能体味出生活的清浅、寂静、悠闲，从而收获一份极致的情怀，尽享生活的优雅，收获自己理想的人生。

这便是海给予我们最美的联想和最深的启迪，也是本书最想传达和表现的意境吧。

目
录

第一辑 静下来，才能看见智慧的光芒

第二辑 静下来，聆听灵魂深处的声音

第三辑　静下来，才能见证人生的美丽

第四辑　静下来，有爱和包容，才会有真正的快乐

第五辑 静下来，一切皆有可能

第六辑 静下来，不辜负世界的美好

第一辑

静下来，才能看见智慧的光芒

心若敞亮，方向就清晰。心有愉悦，情怀便温暖。心趋宁静，世间皆美好，就像雨会下，河水会流，鱼儿会游，水草会摆头那般，我们看山是山，看水是水，看云朵在山水间游弋，美妙无比。

人生，原来简单如许。

在喧嚣的世界中，顺着心的方向走下去

顺着心的方向走下去，那便是最温暖的家。简单生活，生活简单，这就是生活的真谛。

徒儿问师父："师父，为何我想停下来读读书，看看报，养养花，却总是日复一日被琐碎事情牵绊，难以抽身呢？"

师父笑而不答，指着窗外几只叫喳喳的麻雀，它们正在树上轻盈扑闪着。

"我能像它们该多好啊，自由自在地飞来飞去。"徒儿不由轻叹道。

"其实你也可以。"师父接过徒儿的话说，"试试睡觉的时候睡觉，吃饭的时候吃饭，坐车的时候坐车。你便和它们一般了。"

徒儿甚是疑惑，忙问道："师父啊，我每天都在吃饭、坐车、睡觉，可有何不同呢？"

"那我问你，你坐车的时候是不是在玩手机，睡觉的时候是不是梦见明天的工作，吃饭的时候是不是在想今天的安排？"师父反问。

"这……"徒儿仔细回想道，"师父，的确是这样的。"

师父微微颔首，不再言语。

"原来，这诸般困惑，诸般苦恼，诸般忧愁，都源于我们的一心多用，顾此失彼啊！"徒儿恍然大悟。

其实，我们的一生，常常就是在这种举棋不定或多思多虑中反复度过的，不知不觉中衍生出了抑郁的沉疴，滋生出满目忧愁，繁衍了不少烦恼。在这种负能量因子的不时干扰下，哪还有生活愉悦感呢？

因此，有这种心理痼疾的人，常觉得生活不顺心，工作难开心，读书少快乐，自然而然便会产生各种压力和不安情绪，以至于陷入庸俗忙碌的辗转反侧中不能自拔，最终积淀成沉重的包袱，使人喘不过气来。

如此看来，没有清澈心灵保驾护航的世界，就会导致诚惶诚恐随时来进犯，让人不得安宁，身心疲惫。

因而，要想活得更痛快、更真实、更精彩，我们就必须努力地阳光、朝气、勇敢、积极起来，将生命绚丽成灿烂而美丽的闪耀光芒。就像杨绛先生那样，百岁寿诞时依然神采奕奕，精神焕发，神思敏捷。

百岁时她说："我今年一百岁，已经走到了人生的边缘，我无法确知自己还能走多远，寿命是不由自主的，但我很清楚我快'回家'了。我得洗净这一百年沾染的污秽回家。我没有'登泰山而小天下'之感，只在自己的小天地里过平静的生活。细想至此，我心静如水，我该平和地迎接每一天，准备回家。"

将每一天当作最后一天过，将每一天淡然平静地过，将每一天自然悠闲地过，生活其实就这么简单。百岁的杨绛先生道出了生活的禅机，日子就是一天天地过，一天重复着一天地过去。而这些所谓的重复，并不是得过且过的一成不变，而是渗透了精神、力量、灵魂、情感等诸多因素，并在"润物细无声"中慢慢发酵、变化。

杨绛先生一生笔耕不辍，高龄也坚持文学创作，近十年来，可谓是硕果累累。

2007年，《走到人生边上——自问自答》出版，2014年，长篇小说《洗澡》的续集《洗澡之后》出版，还有《坐在人生的边上》《魔鬼夜访杨绛》《俭为共德》等十余篇短文佳作问世。什么缘由，让百岁的杨绛先生还能保持这样的创作热情？

或许，百年的人生，百年的光阴，百年的体悟，风景看透后，那些燕归知春晓，荷举闻夏风，叶落晓秋浓，陇头踏遍正是梅香时的自然之美，伴随着先生朴实、简单、素净、热烈、优美的生命印象。

正如她说："我们曾如此渴望命运的波澜，到最后才发现：人生最曼妙的风景，竟是内心的淡定与从容……我们曾如此期盼外界的认可，到最后才知道：世界是自己的，与他人毫无关系。"

是的，生活的酸甜苦辣咸，人生的喜怒哀乐愁，桩桩件件都得我们去经历、尝受、体验，并因此成长、收获、充盈。

守住内心的淡定从容，随缘人生的际遇种种，确信人生的信念信条。杨绛先生用她对生命的感悟告诉我们：有想法就付诸行动，学会做一件事，做好一件事，一生中哪怕做好了一件事，也算是可以告慰一生的。

先生的智慧，其实是她自认平凡。作为普通女性，她一生放弃事业和爱好，辅助丈夫钱锺书著书立说、教学育人，她敢于并甘于牺牲自我，成就丈夫的文采斐然和人生辉煌，这是一种奉献美德。然而，先生也有自己的世界，闲暇之余自我快乐地耕种，创作出一片新天地，收获了一茬又一茬的春华秋实。

生命的经历，苦难激发动力，困难提升力量，艰辛开拓方向，凡事顺着心慢慢走下去，我们便能抵达天空之城的广袤蔚蓝中。

被世人称为"先生"的女子，古往今来并不多，知名汉学家叶嘉莹亦是被人亲切地呼为"先生"。

叶嘉莹先生一生坎坷、艰辛，1948年背井离乡到了台湾，虽经历了牢狱之灾、失业失家、寄人篱下、家庭不和、爱女早失等痛苦遭遇和诸多磨难，然而先生研究和弘扬汉文化的初心却从未改变和耽误，七十余载不离不弃，她走到哪儿，汉文化的种子就播撒在哪儿，落地生根，抽枝发芽。

2014年，他乡漂泊六十余载，九十高龄的先生回到心心想念的故乡，在南开大学举行了"叶嘉莹教授九十华诞暨中华诗教国际学术研讨会"。她还大力"倡导幼少年学习诵读古典诗词，以提高国民素质"，为中国国学走向更辉煌、更广阔的世界，添砖加瓦。

唐代诗人贺知章《回乡偶书》中说："少小离家老大回，乡音无改鬓毛衰。"两鬓霜花的叶嘉莹先生乡音依旧，乡情浓烈，像一个回到慈母怀中的孩子，在国学的海洋中欢乐畅游，肆意挥洒。

2017年，热门文化节目《朗诵者》想邀请先生出席节目，九十三岁的她想了想，终究没有答应。她说应该学习杨绛先生，把自己"关"起来才好。

关上时光的藩篱，光阴的扉页，让日子慢些，生命缓些，可皓首著书，鹤发授课，可将中国古诗词的薪火慢慢传递。

关起来的先生如兰有暗香来，一身清风，情怀如玉叶晶晶，精神似嘉树莹莹，澄澈而丰美，清净且透亮。

百岁老人可以乐观、豁达、坦然、快乐、安静地生活、工作、读书，我们为什么不能呢？

心若敞亮，方向就清晰。心有愉悦，情怀便温暖。心趋宁静，世间皆美好，就像鱼儿在水中游，鸟儿在天上飞，草原上的草随风摆动那般……返璞归真，看山得山，看水悟水，何不美哉。

我相信，人生的智慧也源自这些宁静的体验。

最美丽的泪水都是海洋之心

　　珍珠，源自磨砺与洗练。丰美，来自成长与圆熟。生命，在静美中沉淀和升华。

　　女子做了一个梦，梦见自己变成了一粒沙砾，游荡在浩瀚的深海中。

　　沙砾有很多朋友，海马、大虾、鲨鱼、乌龟，还有各色各样、五彩斑斓的海上花。但它最好的闺密是大虾，它们一起嘻哈、游弋，穿行在蔚蓝的大海中惬意地生活着。

　　有一天，它们约定郊游外出。左等右等却不见大虾，无聊的沙砾便睡着了。

它梦见大虾蹑手蹑脚地从背后游来，紧紧抱住它，无数的小手滑入它的皮肤中。

"好痒，好痒，大虾别闹，我再睡会儿。"沙砾用坚硬的身体抵触着。

外面很安静，沙砾觉得海水轻轻地淌过眼眸，有细细的更多的沙砾蜂拥而至，它们相互摩挲着、挨挤着，拼命乱窜着。

"痛，痛！"沙砾睡梦中大叫起来，"大虾别调皮，放开我！"沙砾开始挣扎。

但越挣扎，越有双有力的手臂将它牢牢地捆住。它努力想睁眼，疼痛中才发现眼前一片漆黑。

"我这是在哪儿？"沙砾哭泣的声音回响在空中。

它挣扎——哭泣，哭泣——挣扎，直到水流静下来，时间也静止了，沙砾听见了自己微弱的呼吸在一点点消失殆尽。

此刻，它才想起海马曾说："浩渺的大海中，有一个古老的传说，最勇敢最无畏的沙砾，将会接受蚌壳的洗礼和锻造，在泪水中结出最闪烁晶莹的珍珠，并惊艳于人世间。"

"不要，我不要耀眼，不要离开你们，我不要……"沙砾撕心裂肺地哭着，哭着，越来越多的泪水，越来越粘稠的海水穿透了它的心，它再也没有自我，没了自由。外面的世界沉寂、沉寂到了无生息，唯有海马的话时常还回荡在耳边："经受得住寂寞和孤独，坚持奋斗与磨炼，沙砾，终将会成就最耀眼的那一刻。"

不知过了多久，有一天，沙砾听见渔夫惊喜地大叫着："好大一颗珍珠！""咔"一声，蚌壳自然打开了，它睁开双眼，一片蓝莹莹刺激地挂在天上，不远处金灿灿的花儿怒放着，而后，它一次次穿过金碧辉煌，走上红地毯，引人注目。它闻到了馨香，碰触到了一双温柔的手，温温地掠过它那颗凉薄的心。它看见有耀眼的光束打过来，有人优雅地穿梭在人群中。

"那不是我吗？"女子猛一惊，从梦中醒来，满目的泪水浸透了脖子上莹莹的一串珍珠。

这串珍珠泪的前尘已成过往，犹如每位女子的一生经历，它在艰辛、困苦、挫折、磨难中隐忍和坚持，蚌壳是它的"盔甲"，穿不透，刺不破，摔不坏，只待时间的洗礼，磨砺成最婉莹、最丰腴的珠圆玉润，成就生命的圆满和厚度。

古往今来，历史上像这样的"珍珠"女子代代频出，受人敬仰，惹人疼惜。

譬如以珠玉之心、温婉之姿、绝世文采、流芳千古的西晋女文学家左棻便是如此。左棻虽容貌平凡，然身处在晋武帝司马炎佳丽万千的后宫中，却能保持幽兰馨香的出世心态，芬芳予人，这种与世无争的宽厚之心和容人气量，确实在宫闱之中难得一见。

她以晋武帝"女秘书"的身份，即兴记录宫中的新鲜趣事、红白喜事、帝王心情等，俨然是御前一支笔，成为后宫一些秘事和要闻的见证记录者，说她是中国第一机要"女秘书"也不过分。左棻不但在殿前奉旨作文写诗，深居后宫的她也是创作不断，佳作连连。正如钱锺书先生对其《离思赋》的评价："宫怨诗赋多写待临望幸之怀，如司马相如《长门赋》、唐玄宗江妃《楼东赋》等，其尤著者。左棻不以侍至尊为荣……辞章中宣达此段情境，莫早于左《赋》者。"

南山有鸟，自名啄木。

饥则啄树，暮则巢宿。

无干于人，唯志所欲。

此盖禽兽，性清者荣，性浊者辱。

这首《啄木鸟》，正是左棻生命境界的体悟和人生境遇的写照。寂寂性清者，才能保守初心，留得本真。

其实，在华夏的历史长河中，这样才情卓绝的后宫女子数不胜数。西汉的班婕妤，唐朝的上官婉儿、杜秋娘，宋代的花蕊夫人等，她们都是从浩瀚星海中脱颖而出的闪耀珠贝，灿烂温润似珍珠，每一粒都曾饱尝过生命中的酸甜苦辣咸。

毛泽东的《咏梅》道："已是悬崖百丈冰，犹有花枝俏……待到山花烂漫时，她在丛中笑。"

梅花洁身自好，冰雪皑皑中，不畏严寒，幽香暗渡，犹如冬天里的一把火，点燃了冰凉中的激情与炽热，融化白茫茫的冰凌世界。

有人说，诗句中的"她"便是风雪中如梅花般的女子——民国才女林徽因。

林徽因之所以受人瞩目，受人尊重，受人缅怀，不仅是因为她参与了国徽和人民英雄纪念碑的设计、在建筑学上取得了丰硕的学术成果、在文学史上留下了优秀作品、名扬于民国名媛圈中的名噪一时，更是因为她面对病魔缠身时的泰然，提携文学青年时的慷慨热情，坚持学术真理时的严谨作风，以及那颗热爱国家的赤子之心。

因而，林徽因的美好，不在于她取得的成就和辉煌，而是身处世事繁华中和兵荒马乱里，经过万般磨难修得的那份如玉洁美的真诚、友善、好乐的纯粹心，犹如星辰闪闪挂在天边，引导着一拨拨热血青年勇往前行、无畏攀登。

人在旅途，有风光旖旎，也有艰难险阻。风风雨雨一路兼程，行过迤逦的原野，爬过重叠的山峦，跨越过万丈的沟壑……只要能经得起磨砺，受得住艰辛，抵抗住压力，满怀一颗晶莹剔透心，必会有圣洁之光不离左右。

不辜负苦难，不辜负挫折，生活，向前就好。

不辜负岁月，不辜负时光，学会等待与坚持，终将会有"拨开乌云见明月"的那一天。

不辜负热烈，不辜负静美。正如泰戈尔《生如夏花》中所说：

我听见音乐，来自月光和胴体

辅极端的诱饵捕获缥缈的唯美

一生充盈着激烈，又充盈着纯然

总有回忆贯穿于世间

我相信自己

死时如同静美的秋日落叶

不盛不乱，姿态如烟

即便枯萎也保留丰肌清骨的傲然

玄之又玄

静美，玄之又玄的美妙之花。静美，有着绚丽光彩的时光之书。静美，伴随着珍珠落玉盘的玲珑清脆。从洪荒亘古中盘桓来，不息不灭。

静下来，才能看见智慧之光

心静，万物美好。心静，时光翕动。心静，智慧生发。

年轻弟子入师门，求学心切。他没日没夜地研习功课，废寝忘食地好学进取，但始终毫无进展，将自己弄得身心疲惫，面容憔悴不已。

师父见此，叫于跟前，问："时见你功课不息，往来匆忙，有人驱赶你吗？"

弟子恭敬道："师父，无他，我只是在追赶前面的智慧之光。"

"凭何而说智慧光芒在你前方呢，而不是在你左右，你前后，你心中？"师父指着窗外，笑着问弟子，"你看，那翩翩起舞的蝶儿，去追它如何？"

弟子沉思不解，摸摸头说："师父，它不就飞了吗？"

"对呀，若你再急着追，它们会如何呢？"

弟子想了想答道："当然是越飞越远越高了。"

师父含笑不语，静静望着弟子。弟子疑惑，一会儿看师父，一会儿不自觉地望向窗外，凝神若有所思。

此时，蝶儿正轻轻地停在一朵菜花上，外面的世界静谧得如室内的气息，能闻见呼吸、心跳。

"师父，我懂了。"

"明白了什么？"师父问。

"师父，智慧之光随时都在啊，就像那只蝴蝶，不是追来的，不是急来的，也不是苦思来的，只要稍微停停脚步，它就在我们周围，随时随地皆可见、可触，你看，蝶儿。"弟子转身间，世界在他眼里，多么辽阔啊！

职场的压力，房贷的焦急，生活的紧凑，能真正静下心看世界的人有多少啊？

他能静下来。有人说，做演员，得向陈道明靠齐，做自己，也得向陈道明看齐。

做好演员，要耐得住寂寞，守得住清静，等得了机会。没有好本子不接戏，没有准备好不接戏，不适合自己不接戏，唯有剧本打动了他，功课做得充分十足，角色令人怦然心动，挑剔的陈道明才会欣然接受出演邀约。因为这份执着与坚持，他有时三五年也不接一部戏。

有人说，这就是戏骨精神。

用时间、生命、灵魂去演绎人生如戏戏如人生，静下来的人，才能看到智慧之光，领略人生真谛。

还有人说，静下来的男人，最是有魅力。陈道明就是能静下来的"坐家"男子。

他说："男人最大的时尚就是多在家待一待。其实把所有该回家的人都召回家，这个社会就会安定许多。现在有多少不回家的人，不是因为事业，而是在酒桌上，歌厅里。如果晚上每个家庭的灯都亮了，也是一种时尚。"

时尚地处理事业、家庭和婚姻关系，圆满的不仅是幸福的生活，还有心灵的温暖和精神的愉悦。

黄梅戏《天仙配》中唱道："你耕田来我织布，你挑水来我浇园。"夫妻双双把家还，陈道明和妻子杜宪的生活，虽不是这般田园意，山水情，却另有一番闲情逸致的恬淡和安然。

作为公众演员，陈道明是个中另类。他不喜活动，不喜结交，不喜外出，只愿意窝在家中看看书，写写字，弹弹琴。或者网上逛一圈，甚至是无所事事地发呆也好，他喜欢静静地，与时光闲扯，过悄然无声的小日子。

而妻子杜宪则对绣花情有独钟，时常坐在窗下，飞针走着五颜六色的丝线，凝眸聚神间，世界都在她的手上翻转飞翔。两人家中各自有爱好，各自玩耍，互不干涉，并不打扰，一切都那么静静地。

看过一篇写陈道明的文章，说他家中除了《人民政协报》，没有任何杂志，也没有电视，其他娱乐工具更是没有，夫妻两人的生活与喧嚣隔绝，与热闹无关，恬淡日子过得清新澄净，自在逸然。如此神仙美眷，真是羡煞旁人。

静下来的日子，我们也能拥有吗？

看青年演员江一燕作品《我是爬行者小江》一书，真正体会到了灵魂安静、生命盛放的姿态。

序言中，陈道明说："娱乐圈一边是姹紫嫣红开遍，一边又是新人欢笑旧人愁，这其实没什么奇怪的，亘古如此，将来也不会有什么改变，要紧的是你是否能锻炼出宽容而平常的心。"

拥有一颗宽容心、平常心，无论是做演员还是歌手，当作家还是摄影师，甚至是十年如一日的"小江老师"，都会是坦荡的，热烈的，情怀的，乐在其中的。2006年，因拍摄一部文艺片，江一燕第一次来到了广西一个特别贫困的山区，一路悬崖峭壁的危险，一路穷困落后的场景，意料之外的遇见，意料之中的艰辛，让她目睹了山区孩子一张张渴望知识、渴望看到外面世界的脸庞，随时随地铭记心中挥之不去。第二年，江一燕只身再次前往，在山区默默陪伴孩子们整整一个月，与他们一起上课，做游戏，弹吉他唱歌，与一群山里孩子打成一片，成为十足的"孩子王"。

"小江老师"，山里孩子对江一燕最挚爱的称呼。年年温暖的陪伴，就是最挚爱的告白。

陈道明还说，雨伞自己撑，包要自己拎，有机会走一走远路，用双脚去感激一下这片护佑你的土地，对身边的每一个为你在奔波忙碌的人说一声"谢谢"。

因为懂得，所以慈悲。因为慈悲，才会有爱。

做一个生命的行者，江一燕一直在路上。往山水远处，去遥远国度，望一座小桥，观一处老宅，每一个镜头捕捉最动人的瞬间，记录下生命的足迹，留影下最美好的人生。爱，是兴趣最好的老师，热爱摄影的江一燕，2015年拿下了美国《国际地理》摄影家奖，这是唯一一个女摄影师奖项。

陈道明和江一燕，他们都是能静下来的有心人，才有长青的艺术生命和勃发的文艺情怀。

美丽的心灵看世界，悲悯的心灵看苍生，世界因你而精彩，而澈静。

静下来的世界，眼睛是澄亮的，花草树木皆是伙伴，风霜雪雨亦是战友，它们随时随地在我们身边，构架人生蓝图，吐纳生命真谛。

静下来的世界，耳朵是被叫醒的。鸟鸣虫叫处处在，花开叶落时时有，大自然馈赠予我们天地妙音，万事万物和谐共生共荣，于是，细水长流，云淡风轻，人人皆可笑看日升日落。

静下来的世界，心跳轻缓，跫音美妙，咸咸的泪水也是轻轻颤抖着幸福的韵律。

别辜负年华，别错过感恩

在最美的华年里，绽放青春，心怀感恩。行善无界，亲情无疆。

幼儿园举办一场亲子互动活动，邀请了孩子们的父亲、母亲、爷爷、奶奶、外公、外婆一起参加。

活动当天，幼儿园被里三层外三层的欢声笑语包围得热气腾腾，一派喜气洋洋，孩子和家长都希冀在这里度过快乐轻松的一天。

当老师宣布游戏规则后，偌大的操场一时鸦雀无声，过了一会儿有些家长拉开了话匣子。

"让孩子给我们洗脚，这不是闲扯吗？"一个老奶奶生气道。

更有人高呼："老师，能不能换成孩子喜欢的活动啊？"

队列里的孩子们也骚动起来，有种不安、抗拒的情绪在悄悄漫延。

抢白的，议论的，低声责怪的声音不绝于耳。

老师依然微笑，示意工作人员将热水桶一一拎上来，让排队的孩子按顺序就位，坐在小板凳上等候。

安排井然有序，空气中飘荡着如缕的丝丝温暖。

家长们仍然犹豫着，却听一个稚嫩的声音传来："奶奶，我想像爸爸那样给您洗脚。"

话音一落，人群反而肃静了，有人径自往前找座位。

一切顺其自然，孩子们开始生涩地挽起袖管，试着为长辈洗脚。有的拎起袜子捂住鼻子，有的嘻嘻哈哈让家长一起参与，有的东张西望漫不经心地浇水，也有的专心致志既洗脚又给家长按摩……操场上，家长们的表情随着孩子们的细微动作变化起来。

活动即将结束时，老师说："我们欢迎几个小朋友来分享为长辈洗脚的感想如何？"

孩子甲说："老师，我不知道该怎样洗脚，但是和妈妈一起我就觉得快乐呢！"

孩子乙疑惑问："以前都是外婆给我洗脚，老师，为什么我们要给她洗啊？"

老师微微一笑，再邀请小丙分享他的心得。

孩子丙上场腼腆道："我的爸爸在外地工作，每次回家时他都会给奶奶洗脚，我就学会了。"

瞬间，全场响起了热烈的掌声。

清代文学家褚人获《隋唐演义》第二十四回中，秦叔宝因烛火焚烧了捕批陈达（尤俊达）和牛金（程咬金）的公文而落下"抗违党盗"口实，单雄信、李玄邃与柴嗣昌等英雄慷慨解囊以"赔赃"了结此事，众人见心事了，喝酒至深夜，秦叔宝晚归。

他进城门见自家门未闭，"老母倚门而立，媳妇站在旁边"。

秦叔宝一惊，却听母亲挥袖落泪道来："你这个冤家，在何处饮酒，这早晚方回，全不知儿行千里母担忧。"

好一句"儿行千里母担忧"，秦叔宝此情此景下定是心中温暖万般吧。

家有高堂，儿女之福。家有孝子，父母之幸。中国文化颂扬"孝悌忠信礼义廉耻"，将这些优秀的传统和文明的理念，以文字、戏曲、音乐、绘画、建筑等形式加以记载、传播、继承，形成了独有的华夏文明，独特的中国气质。

唐代诗人杜甫说："烽火连三月，家书抵万金。"处在烽烟四起、战火纷飞的境遇中，最念的是家，最记挂的是亲人。写一封信吧，通过战区，越过封锁，跨过江河，抵达朝思暮想的家乡，报个平安，问问家里近况，说说心中离愁，字字有泪，满篇皆情，这样的家书，何止值千金万金呢。

因为古代交通不发达，信息闭塞落后，古人想要在父母身前尽孝心，想要在妻儿面前享团圆，想要在兄妹跟前诉衷肠，这种简单的愿望，也是非常不易的。

诗人孟郊《游子吟》中道："慈母手中线，游子身上衣。临行密密缝，意恐迟迟归。"一朝出门，何时再归？所以，想要尽孝，得趁早啊。

古代文人求学三五载，考试三五载，路途中三五载，再如此折腾几趟，来来回回几个三五载，还如何尽孝啊。

历史上著名的大文豪苏轼和苏辙，两兄弟不远千里赶赴京城参加科举考试，高中之后的他们本是"春风得意马蹄疾"，金榜题名欢庆时，然喜报尚未传到故里，却收到母亲病故的噩耗。亲人逝去，再美再好的未来，都没了她的身影，尽孝变为一纸空谈。

依照朝廷制度，苏轼和苏辙为母亲守孝三年，以表达哀思、缅怀之情。同时，他们从即将分配的"公务员"转变为待分配的

"公务员"，开始一段长时间的"丁忧"。这种尽孝，是真尽孝吗？

年华二十，花开最好最美的时光里，苏轼和苏辙两人赋闲在家，却成全了他们的孝心。

"尊前慈母在，浪子不觉寒"，有娘，很温暖。尽孝，趁现在。随时随地，耽搁不得。

有一年春节联欢晚会，有了一部以筷子为主题的弘扬"家和万事兴"的宣传片，很是感人。无论是在皑皑北国，还是盈盈江南；无论是繁华城市，还是乡野村落；无论是老人小孩，还是姑娘小伙，都在热热闹闹过春节，听着"一双筷子易折断，十双筷子抱成团"的歌声，团圆的一家人坐在一起吃着年夜饭，众多的筷子出现在屏幕中，传递着关心和温暖，传递着团聚的喜悦、节日的喜庆。

有事没事要回家，回家就是一起吃饭，一双双筷子在夹菜，场面看起来非常热闹。

我们一生中，失去工作可以再找，失去爱情可以再寻，失去金钱可以再赚，但当亲人离去后，如何能失而复得？对父母的孝敬，便是这世间最长情的陪伴。

他们慢慢老了，他们唠叨多了，或者已然认不出你了，那该怎么办？

有部热播的电视剧《嘿，老头》，为千万子女寻找到了最好的答案。身为独生子女在外打拼，遇上独身的父亲得了老年痴呆症，生活不能自理了，该如何办？

是选择请人看护，是送到养老院，是边工作边照顾，还是放弃事业陪伴父亲等待病情好转？这道人生的选择题摆在主角面前，也摆在天下子女的面前，当有一天自己的父母身体有恙需要照顾时，我们该如何做？

剧中的人物，剧情的设计，很好诠释了当尽孝遇到各种不确定的因素干扰，作为子女的我们该以什么态度，什么立场，什么办法去解决、调和。其实，生活和工作从来不会耽搁我们尽孝心。

《增广贤文》说："鸦有反哺之义，羊有跪乳之恩。"好好陪伴父母，珍惜现在拥有，不辜负年华，别错过感恩！

在世界的尽头，等一朵花开

方外红尘，红尘方外。得见真心净心爱心，世界的每个角落，都会摘得智慧的花朵。

青年问智者："先生，最近烦恼，何处可得清静？"

"山水深林处吧。"智者笑曰。

青年甚喜，即刻前行，不待三日便垂头丧气归来。

抱怨道："山上车，水中船，林中人，先生，可真比城里还热闹啊！"

"那去山里吧。"智者含笑说。

"是呀！那里清静。"青年幡然醒悟，欣然往之。

然不出一日，青年沮丧着脸又出现在智者面前。感慨道："山里蚊虫多，也有不少烦恼。先生……"

青年欲言又止，终是没问出那句："世间之大，真没有清静之所吗？"

智者微笑不语，招手青年坐下。

俩人面对面，先生喝茶。青年看先生，学着喝茶。

室内鸦雀无声，一切空洞，时光仿佛慢下去，光阴迟缓，一杯茶的工夫，世界无波无澜。

抬眼望，几缕风飘荡在窗帘上，阳光打在帘布上照了进来，此时，智者眼中静水深流，明媚正当时。

"原来，清静如此啊！"青年恍然一叹。

王维说："人闲桂花落，夜静春山空。"心无滞碍，山间的桂花，或娉婷，或袅袅，或优雅，它们风情自若，或衣袂飘飘，或款款深情，或涓涓轻盈，它们会在每个夜凉如水的清净澄明里，与之对视、私语，耳鬓厮磨地纠缠与抚慰，让人心生清朗、静笃之感。

这种美好的心境、情境，便是与世界和解，与天地和谐，美好如斯。

诗佛王维，以入世的姿态，以出世的情怀，聆听时光开花，细嗅日子芬芳，将生活过成诗意，将人生绘成诗画，将生命凝成诗性，历史上典型的红尘人出世者，受人尊重和敬仰，引得后来人竞相模仿。

想起了前几日网上热议的一条消息，仿佛现代版的"出世"故事，细作体味，耐人寻思。

说是一对博士夫妇，二十多年前双双放弃令人羡慕的高校教师身份，去往大山中当农民。他们日复一日与青峰为伍，以小河为伴，于荒岭之上，和泥造屋，垦荒拓地，牧种耕植，自产自足过起了山居生活。

山里无电、无通讯、无网络、无自来水、无煤气，山里与外界隔绝，他们与外界的交往仅限于食盐、种子等必需品的购买。

山里耕田种地不用化肥、催长剂、农药，以农家肥自然催长农作物。山里用水是山上顺流而下的清澈甘冽的泉水。山里洗衣物从不用肥皂和洗衣液，净手是用草木灰。山里燃料是枯草枯枝，吃饭以高粱秆为筷。山里生活物资皆来源于自然界的采撷，原生态，高节能，再循环，取之不尽用之不竭，最环保，最节约，最绿色。

因为未通电，家中没有电器。因为无车辆，出门都是步行。因为没网络，家中没有手机电脑。屏蔽世界，也被世界屏蔽，世上一日千变万化，山中三年一模一样。

这对夫妇与世隔绝二十年，自找辛苦、甘愿清贫的生活选择，很是让人费解。

他们隐居心甘情愿吗？

他们生活真是很美好吗？

他们这样做后悔过吗？

是现实不如意，是理想受阻碍，还是意气用事，由此想到了隐居出世，结论不得而知。但是，从他们生活的点点滴滴能感知，一家人活得自在、自得、平淡、快乐。这种简单而平凡的生活，二十年如一日的坚持，不是给了猜测者最好的答案吗？

现代人习惯了日新月异，习惯了高速发展，习惯了科技发达带来的好处和实惠。而山里这对夫妻却习惯了自给自足，自产自销，自己的问题自己解决。譬如当高龄的妻子即将生产时，他们没有选择医院待产，而是由丈夫自行接生，进行术后处理等。如此做法，让人大跌眼镜之余，甚至佩服两位高级知识分子的学习、实践能力，接生办法两人应该是现学现用的吧。

在孩子的启蒙教育上，夫妻俩从不有意为之。只是将孩子放养在山野林间，让他放羊、牧马、养猪、割草、拾柴，俨然成了一个小小"放羊倌"。孩子没有玩具、书本、零食、动画片看，他有的是天上的星星，地上的萤火虫，还有山那边清晰可见的长城，父母亲会每天陪着他迎朝霞、送日暮。

陪伴，是他们给孩子最好的人生礼物。

如果不是因为孩子要进城上学，让外界知晓了一家人的存在，也许，再隔五年十年甚至更长的时间，也无人知晓他们生活在大山中的故事。

山里，充满很多想象。山里，让人捉摸不透。山里，故事还在继续。

我们看到的山里，是通过人物、文字、情节构建的图案，夫妻俩在山里饱尝的酸甜苦辣，喜怒哀乐，孤独寂寞，其实与山外是没有区别的，有的只是对生活的态度和生命的追求，自给自足，平凡清静，和睦相爱。

不论是身在山野，还是身处红尘，随方就圆，能伸能屈，高低相就，适应生活的种种改变，发自内心的恬淡、安然、自得就好。何必在意出与入的区别呢？

以入世者的心态出世，以出世者的姿态入世，遵从内心世界，顺应自我意识，接受自然法则，方能找到初心，回归本真，看到生命存在的意义和价值。

譬如我们看李白的"人生得意须尽欢，莫使金樽空对月"，有人看到他的桀骜不驯，有人看到了他的才华横溢，有人却看到他落寞书生的剑气。

看苏轼波澜曲折的一生，是看到了"十年生死两茫茫，不思量，自难忘"的儿女情长，是"一年好景君须记，最是橙黄橘绿时"的美好向往，还是"大江东去，浪淘尽，千古风流人物"的豪情漫天。

譬如再看情僧、诗僧、画僧、革命僧苏曼殊，雾里看花中，我们看到了一位有情有义的少年形象，看到了多情公子的爱恨不得，看到了革命者意气风发的一往无前。

世间万物，芸芸众生，不同来处，各自去处，珍惜当下，安然即好。

谁见证了你生命中沉寂的光芒

习惯沉寂，学会沉寂，往下沉一点，往低处走一些，才会看到水在流、云在走，岁月在丰富。

年轻徒儿问师父："神像高高在上不应不和，游客还叩拜什么？"

"自己。"师父说。

徒儿纳闷了，心道："那不是芸芸众生皆神仙，神仙何其多也？"

徒儿百思不得其解，再问："既是叩拜自己，随时随地随意即可，师父，为何非得到山上的古寺来啊？"

师父不闻。如是日复一日，目送一波波游客匍匐在神像前，人人虔诚，各个肃穆。

徒儿只观，但见游客求福，神像皆不语；游客跪拜，神像亦不言。

神像始终高高在上，游客从来俯首甘愿。

徒儿一直想："如果神像是自己，庙门前络绎不绝的信徒作何而来？"

这样疑惑中过去多年，徒儿成了师父。

有一天，年轻的徒儿问："师父，神像高高在上不求不诉，信徒还叩拜什么？"

"自己！"师父脱口而出。

千载万年，守住清、静，才能明心见性。

台湾作家林清玄在《蚂蚁三昧》中说："佛与众生，无二无别。"

如此说来，人与神仙无二般区别！

兜兜转转，找找寻寻，神仙与你我，一心距离而已。徒儿问一句是无心插柳，师父倒是醍醐灌顶了。

正如唐代无尽藏诗言："尽日寻春不见春，芒鞋踏遍陇头云。归来笑拈梅花嗅，春在枝头已十分。"

或一记眼神，一个动作，一份相遇，一次随时随地的因缘巧合揭竿而起，是生命中沉寂已久的智慧之光便会开出花来，清亮无比，澈见心性。

众里寻他千百度，顿悟只在一瞬间，宛如美酒开坛时，醉人芬芳纷至沓来，顷刻间溢满心田上。

这让我想起了一位好朋友的父亲与酒的情缘。他说自己的父亲对存酒有着特别的偏爱，常念一句口头禅："好酒要藏，醇酒要放，时间是佳酿知己，美酒是士子良人，愈久愈香，愈沉愈好。"并分享了一段鲜为人知的小故事：

父亲收集好酒、存放美酒已有近三十个年头了，他将这个爱好作了快乐事，几十年如一日，沉浸其中，自有一番意趣。每每提及酒，父亲便热情洋溢，喜悦十分，兴致摆弄起来，闻汾酒，摸郎酒，说贡酒，看瓶瓶罐罐的各色各样的白酒一字排开，而他随时可娓娓道来出处和逸事，说这瓶是张叔叔家抢的，那件是李叔叔家匀的，但凡叔叔伯伯们不喝或不存的酒酿，父亲都尽量买过来放着，坚持从未间断。

可也怪了，再好的酒再多的酒，父亲却不好这一口，也不轻易送人，这使得存酒愈来愈多，老酒愈放愈醇，家中空地愈来愈少，足让着急的母亲看酒满眼都是"愁"，可父亲依旧乐在其中，自得其所。

老酒就是父亲的心肝宝贝，无时无刻不关爱，造册登记，任谁也打不了它们的主意，我们一家人笑称他是"爱酒如命"的"葛朗台"，真是浪费了这些美酒佳酿啊！

这样的形象根深蒂固深植于家人脑海里，以至于他冷不丁要送人老酒时，我们一时间都没回过神来。

父亲决定将存放了二十年的老酒赠送给了一家酒厂。事情的起因很简单，这家酿酒厂急需一批陈年的好酒做引，厂长多方打听收藏老酒者，都被高额的要价吓了回去，听闻父亲收藏好酒，在别人都说没可能的时候登门拜访父亲，两人书房漫谈一下午后，父亲竟然答应赠十件老酒给这位厂长。不但分文不取，还亲自送到了酒厂，回来那天喝得酩酊大醉，"咿咿呀呀"还唱得欢！

家人不理解，怕父亲上当受骗，连忙追问原委，父亲只淡淡一说："放着是'死物'，留着干吗？"

家人更不解了，酒若是"死物"，何必辛辛苦苦几十年坚持存酒呢。后来，家中只要提及送酒一事，父亲便缄默不语。久而久之，也就作罢。

时隔半年的一次朋友聚会上，我意外地得知事情的真相。当朋友捧出叔叔酒厂酿造的新酒，说这坛醇美白酒的背后，有着一段比酒芬芳、甘醇的情缘。于此才知晓，父亲捐赠的这批酒，竟然救活了一家濒临倒闭的酒厂，厂长是一位残疾军人，退伍后带领着同样身残志坚的一群青年创业，父亲感动于他们奋斗的精神和坚定的信念，遂做出了一件他认为值得去做的事。

我们明白的那一刻，情不自禁地为这位父亲点赞，更是为这些生活的歌者点赞。人生十有八九不完美，但我们可以选择如何面对，是吧？

朋友说完反问我，倒是问出了我沉寂已久的疑惑。

内心深处，有另一个沉睡的自己，与醒着的那个自己有着不尽相同的想法，他们可以坐下来慢慢长谈、交流吗？

试着问过自己这样问题的人，想是与众不同、自有主见了。

说起来，身边其实不乏这样的人。经常去公司附近一家书店买书，听闻书店老板也是一位残疾人士，在席慕蓉、汪国真诗歌红遍大江南北的年代，因为这一份所爱执意想要开一家书店，而又受制于资金的短缺向朋友们求助，却次次碰壁，甚至被笑话，行走都困难，还开什么书店？

现实就像一条鞭，不论理想多美好，它始终骨干着面对你，不依不饶最无情地鞭打着你认清当下，惊呼着"回头是岸！"可是，总有人不认这个理，定要自强不放弃，不达目的不罢休。

"自强书店"的牌子，就在这位自强不息的残疾人手中立起来了。

开办资金不够，就做小书店，那种多站几个人过道都略显拥挤的小店，利用空间高的优势再造一层楼，楼上铺木地板，木窗棂，木书架，书香和着木头香味，沁人心脾，引得好书者上楼来，临窗择地而坐，翻看书本就是一晌午，或是斜阳西下也不急着归，直到书店打烊时，已然华灯初上，车流鼎沸，才恋恋不舍离开。

从一无所有到一间小店，到再开分店，从单一的图书经营到读书活动的助力，梦想在一天天抽穗发芽，尽管也会遇见冬雪秋霜，但所有的风雨过后都会天晴！这家名为自强的书店终是在这座城市有了自己的坐标。

有人说这位老板守得云开见日月，问他："这些年书店一定赚了不少钱吧？"

"仓库的书就是我所有的财产，富有得很啊！"老板爽朗笑答。

一个人精神世界的圆满，谁说不是最珍贵的财富、最丰美的人生！

笃定的信念、安静的情怀、圆美的智慧，随时随遇都能点燃自信光芒，它朴素、优雅、持恒。

就像山谷幽兰自芬芳，冬雪红梅映晴川，溪畔翠竹生碧绿，晚来雏菊斗银霜，守得住寂寞，受得住清苦，扛得住沉寂，风雨之后自见彩虹，严霜之中自有清澄，坚持自己，得见初心。

第二辑

静下来，聆听灵魂深处的声音

生命中，相信自己，多些笑。岁月里，拥有自己，多些笑。

从今后，愉悦自己，多些笑。笑是自信良方，万夫莫当之勇，

困难的杀手锏，开路的急先锋！

于是，笑着，我们便走向远方。

让你更靠谱的是点滴的诚信

信誉至上，诚信为本，真诚做人，坦荡做事，这是一种襟怀，一种情操。

农场主年事已高，三位儿子成为新农场主候选人。

大儿子机敏过人，口才出众，是农场主生意场上的好帮手，被誉为"金手指"，有点石成金之才。

二儿子做事有条不紊、精打细算，管理农场事务事事俱全，农场人称其为"金算盘"，俨然是农场主的左膀右臂。

唯有小儿子终日不见踪影，一年半载回庄一次，又高又壮又黑又不善言辞，每次回家都会与农场主争吵不休，惹得流言四起，说他游手好闲、不务正业，准是又向农场主伸手要钱了。农场人不喜欢他，两位哥哥也不待见他。

大儿子的干练，二儿子的精明，三儿子的淘神，农场人自觉地将候选人锁定在前二者中。

新年刚过，农场主将三个儿子叫到跟前，交给一人一袋花生种子，说："你们都是我的儿子，这次机会不厚此薄彼，二三月下种子，八九月收种子，谁的收成最好谁就是新任农场主。"

一阵春雨后，大儿子、二儿子的试验地里翠嫩嫩的花生苗破茧而出，两片叶子迎着一抹晴川就像张开了希望的翅膀。小儿子的试验地里除了黏土和水洼，一眼望去都是沉寂、荒疏。

农场主从三块试验地前走过，只是沉默。

四月，小儿子的试验地一毛不长，大儿子和二儿子的花生苗长势喜人。

农场人开始私下热议，说农场主分明偏心老大老二啊！

入夏，为了巩固成果，大儿子放弃生意，二儿子丢下管理，一心扑在花生种植上，这让忙里忙外的农场主苦不堪言。失望之际小儿子回来了，二话不说开始为农场主分忧解难，治理家事井井有条，处理生意进退有度，简直是大儿子和二儿子的完美结合体，农场人惊讶之余的同时，都心道："可惜，可惜啊！"

夏末初秋好时节，大儿子喜悦地挑回两箩筐花生，二儿子神采奕奕地抬来一堆新花生，乍一看难分伯仲。农场人热闹纷纷猜测之余，转而一看空了的一处位置，心中反倒生起遗憾之情。三个月的见证，众人都为小儿子出色的能力由衷点赞！

尘埃落定，"一称"了然。当所有人目不转睛盯住秤砣的时候，农场主却出乎意料地做出一件让人大跌眼镜的决定：将大儿子和二儿子种植的花生分享给在场的农场人，同时宣布小儿子为下一任农场主！

众人惊呆还未回过神来，只听农场主问道："熟花生能发芽、生长、结果吗？"

"不能！"众人异口同声答。

"但是诚信之花却能开出花结出果来，农场百年屹立不倒，都源于我们的祖训：'诚为本，信则立。'三袋熟花生，永不会落地生根，但农场人的精神却会载载（一年又一年）相传下去。"

一席话语，让大儿子和二儿子羞愧不已。

后来众人得知，小儿子一直在外苦学农场栽培技术，所以常年不着家，因担心父亲的身体，每次回家都会唠叨，一老一小总是争执不休。众人唏嘘中才明白过来。

法国作家大仲马说："一两重的真诚，等于一吨重的聪明。"

"老老实实最能打动人心。"英国戏剧家、诗人莎士比亚也这样说。

品格真诚者，自会赢得生活的眷顾和生命的尊重，幸运随时随地就在我们身边，不经意就会遇见。

街对面洗衣店添了新人，有人取衣服时笑着道贺："老板生意兴隆！"

"都兴隆啊。"指着角落里一姑娘，老板顺势介绍说，"信子，一手好针线，缝补能手。"

望过去时，信子盈盈颔首，手中丝线捻着，相顾而笑，只觉这信子如风信子，五彩美好却分明单纯得很，轻咛一声"信子再见！"下午就真的又见了。

裸了线头的针织衫送到信子手上，本以为会小半天或隔天才能取，却听信子婉转道："稍等片刻，即好。"这声音，恰如三月莺啼，轻盈而氤氲，煞是掏心醉人。

出神片刻，信子已然递上衫子，眉目含笑问："姐姐试穿一下吗？"

衣服上身，十分合体，姑娘对着镜子转两圈。信子笑着说："（姐姐）曲线比之前更好了。"

疑惑间，信子嗤笑捂嘴，一双眼亮晶晶的。原来这姑娘细心，将衫子松弛的线路理清一遍，衣服当然更合体了。来人感激之余，热情付上两处缝补费，信子说什么也只收线头整理费。

撕来扯去，在信子坚持中欢愉分手。

真诚就是口碑，好口碑传得很快。信子的缝补小作坊生意越来越好。此情此景，我也替她高兴。忽然又一想，这姑娘谈吐优雅，做事方圆，待人规矩，怎么就做缝补了？

得空去信子处小坐，闲聊才知，信子大学毕业两年了，为了瘫痪在床的父亲，她放弃了大城市高薪工作，回到这座小城，只为照顾父亲起居，暂时附近做针线活，能定时盯着家中情况。信子还说："这针线活手艺是刚去世不久的母亲传下来的。"看她满目晶莹，心中一酸，回家后便翻箱倒柜，拎了七八件大衣就往信子处跑。

看我驮着衣服，信子大笑，老远喊道："姐，你这是批发缝补啊！"

我几声"嘿嘿"，心里暖暖的。

傍晚时接到信子电话说："姐，可以来拿衣服了，还有大大惊喜呢！"

我心中一愣，忙跑下楼去，信子手中扬起一叠钞票，埋汰说这么大人了，没个收拾，各个包里尽是钱。

瞬间，无须话温暖，眼眶有热流喷涌而出。

一个真诚的人，一个坦荡的人，向阳而开，借山而居，必定有脊梁，能担当。如商鞅"立木为信"，曾子杀猪，韩信报恩，季布"一诺千金"，晏殊信誉树立，历史上诚信故事比比皆是，受后来人尊崇和模仿。

读过一则关于"诚信做秤"的小故事，也颇有感触。

武汉市人称"江家秤"的第五代传人江玉珍和江远斌姐弟，两人恪守世代做秤"准确公道、分毫不差"的祖训，面对"有心人"愿意以重金定制"带病"秤的极大诱惑，严词拒绝做"昧心秤"，谨守底线，保守本分。即使是生活极其困难的境遇下，也从未动摇这份纯净的质朴的诚信之心。

诚信，这朵初心之花，如何能惹尘埃。

我们每个人心中都有一朵花叫诚信，点点滴滴滋养着生命长青，日子常绿，这便是人生最好的品格了。

默默陪伴，见证最美的诺言

默默地守候，静静地相随，陪伴是最长情的爱，见证最美丽的诺言。

蛾姑娘是千万年前大树对我的爱称。我只是一只蛾子，一只爱做梦的蛾子罢了。

广袤的森林，落脚处便是我的家。

可是，自从遇见他后，我再没有去过他处，有他的地方我才会快乐，才觉得有了家的感觉。

只是，邻居大树三番五次劝诫我："蛾姑娘，离他远点，他会伤害到你的！"

但是我从不相信大树的话，一位勤劳默默织网的蜘蛛公子，怎会如此不堪？

眼见为实耳听为虚，我决定打探一番，经过近一个月的认真观察，我发现公子如我想象的那样，天天吐丝，天天织网，从不离家半步，这样的好青年何处去寻啊？

"大树，我决定向他表白去。"我信心满满地说。

半晌，才听大树幽幽道："蛾姑娘，如果公子对你不好，我定会拼尽全力护你！"

我开心一笑说："那就等着祝福我吧，大树！"

趁着公子将新家搬来大树领地的这段时间，我策划了一场浪漫的邂逅，后来我才听说这叫奋不顾身自投罗网，只是知道那一刻为时晚矣，我被牢牢地困在公子家中，一张细密的天罗地网里，任凭我挣扎亦是无济于事。想起当初大树的话，眼泪不禁流下来，最后，我动弹不得了。

慢慢地，我沉睡过去。我竟然梦见大树。

他在午夜风大的时候，用尽全力抖动自己，将蜘蛛网撕开一个口子，用坚实的臂膀牢牢地接住我。再后来，我被黏黏的液体一点点、一层层包裹、守护着，没有人能扰我长长的好梦。

直到有一天，我在睡梦中听见有人说："我给你戴上，姑娘。"

"谁在叫我，是大树吗？"我努力地睁眼，强烈的光束下，有人正抚摸我脸颊，羞得我瞬间想挣脱，却怎么也动弹不得。那人温柔继续说："喜欢它吗？这是颗琥珀心。"

"哪是心啊！不过是只蛾子飞进了千万前的树脂里罢了。"姑娘娇嗔道。

"说不定还是棵大树喜欢上了一只蛾子，他们一起来成全我们的爱情呢！"一双温柔地手摩挲着我，动情地说。

"我是这只蛾子，大树，你是那棵大树吗？"我默问着。

有一种爱叫成全，有一种情叫我愿意。有人说默默陪伴是世间最长情的表白，那么无怨无悔的付出更是最美丽的诺言。

鸿突兀来电，说路过此地，定来家中吃母亲最拿手的水煮鲫鱼，心中难掩喜悦。多年不见，顿时感慨，倒是勾起了往日情景。

鸿是我初中同学，成绩出类拔萃，因都喜欢姜育恒的《再回首》，课外时间我们泡在彼此家中，听音乐，聊聊天。

鸿有一位妹妹鸢，机敏伶俐，碰见时总会逗逗她："鸢，这么用功，准备随姐姐去清华吗？"

"那是！"鸢铿锵有力骄傲答道。

学霸的鸿和鸢，最是向往清华大学，认识她们的人一度都认为这对姊妹花会顺理成章地到北京读大学。

然而，中考那一年，鸿临时变卦，填报了一所最普通的中专，她说离家近，天天可以品尝母亲的厨艺啦！

"那不是为了节省嘛。"心疼当年的鸿，她为给妹妹创造上大学的条件，照顾下岗的父母，默默放弃了自己的理想。

鸿的到来，让我心中雀跃，终于能再相见，终于能在多年以后，想问问她过得好吗。

进门一个拥抱，一张笑脸，自信从双手一握中徐徐漫出，我知道，这就是少年鸿，依旧有力量、坚定、青春洋溢。

答案就像她渐次挑开的一娓娓鱼，带着辛辣、嫩鲜、刺激的麻椒味，浓烈精彩，唇齿留香。

她说："鸾还是那么可爱，清华大学土木工程毕业后，世界各地游历考察，前年回国，收敛性子好好工作中。"

"理想成真。"我问，"鸿，你呢？"

"这不你家蹭吃蹭喝来了吗？"鸿笑，"你们这里上市公司不少，我们专为他们服务。"

"注册会计师。"我和鸿异口同声答。

后来才得知，鸿还是这家有名会计师事务所的总经理，我更是钦佩万分。懂得成全的人，永不会丢了自己。

看一看身边，想一想过往，像鸿这般的人事，如过江之鲫，就在眼前了。

父亲回忆起当兵那一刻，总会说："祖父看见我背着包就要离家，哭着拦下，却是你祖母朗声道：'好男儿志在四方，让他去。'很是果敢、决绝，我这个家里唯一的劳动力抱憾去了远方。"

"当然，后来也不遗憾了。"父亲补充说。

十年后，为了照顾年迈的父母亲，父亲放弃省城优渥的工作，回到了离家最近的城市，只为能好好孝敬老人，照顾年幼的孩子。

人生中，所谓的付出，何尝不是一种获得。生命里，一时的放弃，何尝不是一种得到。

亲情、友情、爱情，世间因为这些简单的情感纽带，充满了温情与甜蜜，幸福和快乐。相互成全，彼此付出，方得始终。

譬如梁思成知道林徽因属意建筑学，作为恋人的他毫不犹豫地选择了这门学科研究，经过千难万险，两人终成为令人仰慕的建筑学家，比翼齐飞。

又如被称为娱乐圈模范夫妻的黄磊和孙莉，示爱不刻意为之，相爱不大张旗鼓，恩爱不显山露水，两人出可大方得体于公众视野里，入能耕耘温馨的"一亩三分地"。

拎得清爱，明白了情。有人说："最好的爱情莫过于势均力敌，却又互为补充。"

"补充"多好，你中有我，我中有你，螺丝和螺母的亲密无间，恰如钱钟书和杨绛一生相依相伴带来的美好感觉。他们相伴一生，默默相守，便是光阴酿出的最美丽的诺言。

卓文君说："愿得一人心，白首不相离。"交出真心放在彼此手心，感情原本就是这么简简单单，从从容容。

不管未来如何，曾经我们在一起

遇见你遇见友谊，遇见你遇见喜悦，高山流水知音曲，我们曾经在一起，何必在乎朝朝暮暮长相见。

女孩和她的"三郎"失散整整三天了。三天的时间里，女孩寻遍了所有"三郎"爱去爱玩爱吃的地方，却次次失望而归，天天以泪洗面。夜深人静的时候，少女更是辗转反侧，坐卧不安。

想起"三郎"对她的千般好、万般情，很可能缘分至尽，从此天涯各路人，女孩受不住这般假设的煎熬和折磨，再次出门找寻"三郎"。

在之前，女孩选择过报警，可"三郎"失踪还不到24小时，报警条件不成立。

于是女孩赶紧印制了两人的亲密照，贴在了小区、广告栏等显眼处，扩大搜寻范围。

不但如此，女孩还发动微信圈、微博圈等网络社交平台，希望这样的途径更快更有效。

可是，"三郎"依旧杳无音讯，像是从这个世界消失般。

没有"三郎"的日子，无论有多寂寞、想念，生活、学习、工作，女孩必须过下去。

我是她的"三郎"，在这个偌大的城市里，我们"同居"三年多了。

那个时候，我们都是这座城市的外来客，一个孤单，一个无助。她实现梦想而来，我迷失方向失措。她把我从迷茫中解救，从此她成为我的霸道女总裁，我就是她的甜心小蜜糖。

她唤我"三郎"，我便成了她三弟（因她在家排行老二）。我们一起度过三个酷暑寒冬，从未想象过离开她的日子该怎么过。

可是，这一刻我走丢了。她这三天度日如年，她还好吗？

这几日，我痛恨自己的"春心萌动"，为了追看一位漂亮"姑娘"走得太远，以至于忘了回家的方向。

是缘分已尽，还是人生宿命？

这些人类大道理，我不懂，不愿懂，我知道我是她的"三郎"，一直被她宠爱、挂记就好了。

没有她的日子，我要好好生活，勇敢活着，就像她一直在我身旁一样，霸道着、温柔着。

这位姑娘就是我，"三郎"是我在他乡打工时捡拾的一只泰迪犬，我们相偎相伴度过了最艰难、灰暗、无助，也最快乐、甜蜜、美好的生命时光，温暖无比，幸福花开。

尽管走失，曾经拥有，何来后悔。

三岁的糖糖丢了一只"流氓兔"，吵着闹着要爷爷奶奶赶紧帮着找回来。

糖糖有很多玩偶，会跳舞的芭比娃娃、五色积木、大嘴毛绒鸭、公主音乐盒等。它们一块儿玩，一块儿闹，一起聊天，是无话不谈的好朋友。而"流氓兔"更是糖糖的枕上伙伴，做梦都抱在一起。

没有"流氓兔"的夜，夜晚漆黑得像一双眼盯着糖糖，吓得她"哇"地哭起来。任凭爷爷劝奶奶哄，皆不奏效，号啕长哭，伤心欲绝的模样让人心痛、动容。

当默默相伴成为一种习惯，当朝夕相处成为生命的温暖，谁会拒绝这自然而美好的心心相印呢。

丢了心爱玩伴，糖糖可以肆无忌惮地袒露情绪和表达诉求，她是稚子，没人会笑她、埋汰她。孩子恋物，只觉得理所应当了。

若是成年人，如是闹腾，倒叫人看着幼稚得很，难免作了笑谈。

闺密玲子便经历过这般情形，曾说与我听。

我记得玲子说她是在网络上认识小紫的，那一年玲子开始写随笔，日记似的，满篇情绪，一纸离愁，一粒粒文字像开着小口般，纵是多情，却欲说还休。

小紫也写，笔下家长里短，尽是嬉笑怒骂，左手犀利，右手诙谐，字字掏人心、挖人肺，故事逼真得总有"好事者"对号入座，玲子也不例外，认为小紫将两人之间的"私房话"公之于众，盛怒之下，从此路人。

无论小紫如何解释，玲子都视而不见，消失得无影踪了。

玲子说："做文字知己，心灵相通很重要。"

"那你们是吗？"我问道。

"是！"玲子决绝地说，"以狭隘之心，以文度人，必定是世界与自己为敌。"

"和好了？""失散！"我和玲子瞬间笑起来，两人同步的一问一答。

玲子与小紫的故事其实是千千万万网络友谊中的一员，她们因文字结缘，因文字而靠近，因文字而共鸣，产生了深厚的友谊。

　　两人结伴在文学论坛上，每晚八点会不约而同上线，只为欣赏彼此的新作。玲子性子活泼，喜好看文说话，但凡小紫的文字，她都会逐字逐句批注自己看法，挖掘小紫文字背后的心情故事，像猜心的游戏般玩得不亦乐乎。小紫倒是乐享这样的过程，时不时留言一二，为玲子提供猜度线索。

　　小紫偶尔会逗玲子，说："玲子，你是胭脂斋吗？"

　　网络这端的玲子一懵："为什么？"

　　"胭脂斋批注红楼梦就这般。"小紫笑说。

　　隔着屏幕，玲子也乐道："你若是林妹妹，我愿意是永远的'胭脂斋'，读你千遍也不厌倦。"

　　每当这样的时刻，玲子觉得，网络友谊触手可及，那么温润，那么坦诚，那么阳光，如此相处模式，让人舒服，也很放心，虚拟世界，不确定的模糊感，距离产生的想象，很是美好。

　　玲子希望，一直走下去，就好。

　　有一次，小紫因为工作需要参加一个月封闭培训，临行前忘了留言玲子自己的去向。而习惯了每天晚上与小紫论坛不见不散的玲子，苦苦守了一个月论坛，不到零点不下线，只希望小紫能不经意出现。

玲子说，就是那个时候，她开始怀疑网络友谊，怀疑写文的意义，怀疑自己是不是过于天真？

"现在还怀疑吗？"我调侃道。

"曾经在一起，何必在乎未来如何呢。"玲子说，"悄悄是离别的笙箫。"

想起徐志摩的诗歌：

> 轻轻的我走了，
>
> 正如我轻轻的来；
>
> 我轻轻的挥手，
>
> 作别西天的云彩。

张爱玲说："人生最可爱的当儿便在那一撒手罢？"

生命中，所有的遇见都美丽，所有的相逢都喜悦，所有的别离都悄悄，但所有的回忆都美好。

正如张嘉佳说："我希望有个如你一般的人。如这山间清晨一般明亮清爽的人，如奔赴古城道路上阳光一般的人，温暖而不炙热，覆盖我所有肌肤。"

如你这般的，可爱清澈明丽的一生遇见，曾经拥有，如此便好。

相信，是一剂良方

失利就像小人，不理它，鄙视它，远离它，自信就会不请自来。

小姑娘高考失利后，成天闷闷不乐，足不出户。

一想到无法看清的未来和十分迷茫的前景，胸中郁结，情怀难开，心情糟糕透了。

父母开导无果，只好将奶奶接到城里陪伴孙女左右。

因为小姑娘最爱吃豆花，奶奶拿手绝活就是做豆制品了。

入夜，奶奶用清水泡了一斤黄豆，告诉孙女明早有新鲜豆浆喝啦！

"怎么泡这么多豆？"偷看奶奶行动的小姑娘心道，"以前不是一把豆就好了？"

清晨，一阵清芬的豆香将小姑娘从梦中催醒。她蹑手蹑脚来到厨房，看见一大锅热气腾腾的豆浆嘟嘟地开着，惊讶地问："奶奶，我怎么喝得完啊？"

"那就让豆浆开花花，可好？"奶奶笑说着继续忙碌。

新鲜的豆腐脑，白嫩嫩的豆花，小姑娘知道奶奶本事，这些赞不绝口的美味她都可以变出来。

"可是……"小姑娘犹豫着说。

"可是豆花多了？"奶奶猜透小姑娘心思似的补充道，"那咱就去了水分吃豆腐！"

"其实豆腐干最是香。"小姑娘开窍般接过奶奶的话。

"这就对啦！"奶奶爽朗笑赞道，"即使臭了的豆腐，奶奶也有办法做成臭豆腐。"

"我爸爸最爱臭豆腐呢！"小姑娘神气地告诉奶奶。

奶奶终于松了一口气，笑意盈盈对孙女说："你看这豆子，随方就圆随情而就，处境再糟糕，机遇再不济，不也是'山重水复疑无路，柳暗花明又一村'嘛！"

小姑娘猛点头，开心一笑，欢快道一声："奶奶，您真棒！"

守得云开见日月，必是春暖花开时。

守得住，坚持好，会变通，敢创新，所有的困难都是暂时的，所有的问题都能迎难而解。高考失利，一次人生挫折的体验罢了，算得了什么！

短暂的失利是什么？纸老虎、稻草人、水玻璃罢了。

一旦亲情派上用场，它们就像势利的小人，经不起坚定不移的激烈阻击，迅速逃窜，纷纷溃败。

邻居小尧也遇到过这样的情形。

那年大学毕业，小尧应聘十多家公司皆碰壁，挫折和阻碍让她十分气馁，心情低落难免哀叹前途渺茫。还好母亲在身边，时常拉着她去蛋糕房里学习烘焙，做做甜点，暂时缓解了因工作无着落带来的不快和落寞。

看母亲和面，将闲散面粉聚拢一处，注水，加小苏打等，使劲搅和，反复揉捏，从碎碎点点到随方就圆，从无形至一团，母亲反复手法，重复来回，不紧不慢、不急不缓将所有心思倾注于面团中，让不经摔打的面粉经过有力地搓揉形成胫骨连着的团子，此时的面藕断丝连，再也不能分离了。

母亲的样子特别专注、认真，小尧觉得这场景似曾相识，很是温暖，思来想去，如此自然快乐、心无旁骛只能是小时候玩泥巴了。

小尧先是诧异，随即一笑，这动作几十年如一日，母亲不厌倦吗？

"喜欢的事当事业做，开心着呢！"母亲看透小尧心事似的，笑问她，"要不来试试？"

稍有犹豫的小尧虽有种往前靠的冲动，然而还是缺乏自信，心想："我也能做成蛋糕吗？"

"能。"母亲应声而起。

温情而坚定的鼓励，是迷茫中一盏灯塔，小尧觉得，与其聊胜于无，不如做事打发时间。

因为母亲的精心传道授业，小尧做蛋糕得心应手，成长"一日千里"，很是喜悦，满足中问母亲："您说做蛋糕难，我没觉得呢。"

"是吗？"母亲笑，说，"要不咱们做一个试吃活动？"

"好啊！"小尧自信道。

试吃桌上，两个小牌分别放两个甜品前，醒目提醒着：创新一口酥，好不好吃您说了算！

小牌前以花生投掷多少论胜负。然而不到活动结束，小尧已然垂头丧气，满脸颓势和沮丧心情提前昭示着结果。小尧懊恼，暗道："真是母亲技高一筹，还是传授不到位？"

还在纠结间，却听母亲说："味道都差不多，是你猴急用时不够影响了口感啦。"

仔细一想，的确如此。小尧当时还嫌母亲揉面太过计较，发酵时间太过精确，烤制过程太过专注，笑说这是浪费大好时光，简单问题复杂化，轻松事情用力做。小尧从来没想到，某些不经意的过程省略，必会以其他方式再绕回去，快不得，放不得，少不得，一点点地坚持才会达到目的。

明白那一刻，小尧自惭形秽。

"现在做蛋糕的你就是曾经学蛋糕的那个我。"母亲安慰说，"我当时也这般想如此做的，但当甜品卖不出去后，才知道有种信念是用心而为，它从不会负认真努力的人，不会辜负坚持到底的人。"

多年后，小尧的甜品店开遍这座城市的各个路口，招牌上的笑容就像三月的春花，她笑得那般自信、真诚而勇敢。

谁的青春不迷茫？刘同说："给都市中焦躁不安困惑迷茫的年轻人，一个人，十年光阴；一座城，瞬息万变。如果做不到让你深省思考，那就努力让你会心一笑。"

就像民国才女林徽因的《笑》：

笑的是她的眼睛，口唇，

和唇边浑圆的漩涡。

艳丽如同露珠，

朵朵的笑向

贝齿的闪光里躲。

那是笑——神的笑，美的笑：

水的映影，风的轻歌。

多些微笑，困难时，相信自己；平淡生活中，拥有自己；激情岁月里，快乐自己。笑是自信良方，万夫莫当之勇，困难的杀手锏，开路的急先锋！

于是，笑着，我们便走向远方。

不要让繁花似锦蒙蔽了心

最难找的是自己，最难懂的是本心，摒弃贪、嗔、痴，一切都会看得真真的。

百花山庄四季如春、美丽如画，可谓一步一景，一眼一花，处处锦簇，时时风光。

每逢初一十五，上山进香的居士打从山庄门前过，络绎不绝的人流便成为山庄一道独特靓丽的风景线，引人驻足，使人流连。

若是老人歇息，必有热茶奉上，如遇小媳妇儿打尖，则是花茶候着，山庄还为小孩子们准备了糖果水果干果等消遣时光。

这样的善心义举，让山庄声誉远播四里八乡，人人称道，各个赞扬。

当山庄的特产运到集市上时，因尝过这些味道，又深知庄主品性，所以很快就抢购一空了。

庄主愈是大方得体，庄园愈是繁花似锦，来往的居士愈是频繁，山上的寺庙香火愈是旺。

这样的美好传递到第五任庄主手中，情形似乎改变着什么。

先是孩子们的零嘴儿不见了，再是茶水变成了白开水，不久后白开水也没了踪影，山庄大门紧闭，门前热闹不复曾经。于此之后，慢慢地，山庄有景无人赏，有花无人摘，一幅门可罗雀景象。

到了冬天，山庄突遇一场百年不遇的大雪，眼看就要覆盖整个庄子，就在此时，山庄门环重重被叩响，庄主开门，但见一位衣衫单薄的老者战栗在门前，那么无助，那么可怜，不是自己此刻的处境吗？

脱下大衣给老者披上，扶进门暖上一杯热茶，将炭火移到老者跟前，庄主坐在对面，关切地问："暖和些了吗？"

老者摆摆手，不言语。

入夜，老者熟睡过去，庄主一宿未眠，只为了给炉子添柴加炭，不让老者给冻着，熬到天亮，自己终于也沉睡过去，庄主做了一个长长的梦：

梦见山上有一处温泉，温泉是一位神仙掌管，百年之前神仙将温泉之脉赐给了山下一位善良敦厚的农户，此后农户家方圆十里地温暖如春，物产丰产，鲜花盛开，但凡路过的人，农户都会泡茶请吃，如此信念坚守几代人后，农庄有了现在的规模和名望。不曾想，传到第五代，新庄主摈弃助人为乐、与人为善的家风祖训，让山庄愈发萧条冷落，还遭遇了一场罕见的大雪纷飞，还好，遇见了神仙指点……

"怎么是他！"庄主惊呼醒来。

这场雪终是在一抹晴川中渐渐融化了，天放晴朗，庄主花了三天三夜清理庄子内外的积雪，打扫出一条干净的道路伸向山寺。过年啦！山前车水马龙甚是热闹，庄内人流如梭脚步欢快，有人吟着："归来笑拈梅花嗅，春在枝头已十分。"

毕业那年赶上好时候，万人大厂发行原始股，每人三千股，每股一元自行认购。消息一经传出，有人雀跃，有人犯愁，也有人不屑一顾。20世纪90年代初，股市刚兴，于公众而言毕竟是新鲜事物，雾里看花花非花，看不清摸不着的陌生东西，使人胆怯，望而却步。

因而，有部分保守的人放弃了股权购买，小桥看中这样的机会，以原价买下了五万股权。

当时小桥刚上班，与我同一天分配到车间里，看着他大手笔出手，还真为他担心了好一阵，这笔钱我们不吃不喝十年也未必能挣到，小桥在亲戚朋友处集资购下这么多前途未卜的股票，无疑是"赌博"心理。

我离开工厂前，小桥经常被人堵在车间门口，来催还款的人愈发多起来，集资利息让他每月工资所剩无几，而股票能否上市，还是悬着的未知。调走前，我问小桥，需要帮忙吗？弦外之音是为他消化股权，减轻压力。他摆手笑笑，固执而倔强的模样。

我想，执着便是如此吧！

功夫不负有心人，次年，回厂办理股权上市登记，我看见小桥在人群中，忙来忙去地追加收购股票。

上市遇到好行情，牛市让新股高开高走，小桥的口袋瞬间膨胀起来，他的欲望追上了他的行动。于是，一位飙着飞车染着绿色头发的青年人，趾高气扬地出入厂内外，人称"股神桥"。

来年回厂办事，小桥周围已经聚焦了一帮股友、牌友。此时的小桥辞掉工作，上午、中午炒股，下午棋牌，晚上娱乐，将日子过得丰富多彩，好不潇洒。见到我的小桥一定要请客感谢当年仗义之情。酒足饭饱之余，我心有担心地说："小桥，趁着行情还好，撤些现金做点生意吧。"

小桥摆摆手，笑说："你有所不知，我早就将股市规律摸得一清二楚，轻松赚钱这就是生意啊！"

在身经百战练得一身胆的小桥面前，我这些畏首畏尾的想法是幼稚而主观的，而今想起来，也是好笑，外行人"指点"内行者，这不是自以为是、多此一举么。

有着炒股经验的人都知道，股市犹如海浪，高低起伏永远波澜，即使是海啸般的疯狂，也会有趋于平静的时候。而小桥只是股海中的一片叶，随波逐浪时一旦遭遇暴风雨，很容易折翅或沉沦。

顺境就像一场繁花似锦的海市蜃楼，如果认不清方向，辨不了实质，最终会迷失在五彩斑斓的幻觉里不能自拔。

很多年以后再遇小桥，见他神清气爽特阳光，于是笑问："股神桥，给小股民推荐一只牛股呗！"

"股市有风险，入市需谨慎。"小桥一本正经调侃道，"小炒娱情，大炒伤身，作爱好就好啦！"

其实我早已听说，熊市不久，小桥挥泪斩全仓，毅然撤离股市，成功保住了本金，重新创业开了一家文化实体企业，如今更是"春风得意马蹄疾"，胸有远景，脚踏实地，心中一片向阳开。

生活就像一扇美丽的纱窗，慢慢的轻轻地拨开它，那些沉寂在岁月深处的真实面貌，便会自然袒露出来，唯有守护初心，静静看世界，即使窗外繁花似锦，尽管满目流光溢彩，再也不会迷失自己，丢了本真。

　　歌手田馥甄唱："心花若怒放，开到荼蘼又何妨。"

　　花开繁盛，何惧凋零；心境澄明，何惧人生的起起落落。

他说，我一直在

　　无论天涯，抑或海角，穿过时光海，漫漫陪着你到地老天荒，这是天下父母对子女最长情的告白。

　　有位小女孩生性胆小，不喜欢交朋友，不敢一个人睡觉，不敢去游乐园玩。尽管她很渴望坐过山车、翻滚列车、海盗船，但总是被自己的害怕与怯懦打败。

　　全家人是看在眼里急在心里，想了很多办法，试过很多方法，始终无法改变这个现状。

　　有老邻居传授一秘方，说只要父母参与，做到一件事就会缓解症状，坚持三个月即会"药到病除"了。

儿童节这天晚上，为了庆祝小女孩六一节目表演成功，父母决定奖励她一份礼物，前提是去诺玛特超市一起选购，兴致正好的女孩连声答应："好！"

这家诺玛特超市有一个特点，楼上楼下四层，只一个电梯进口，一个电梯出口，顾客进出一目了然。

第一次逛超市，父母陪着小女孩挑了一根棒棒糖，然后出了电梯口，父亲忽然想起没有买早餐面包，忙问："怎么办？"

"我们去！"母亲拉着孩子手说。

"那我在这里等。"父亲愉快道。

从电梯口入，再回到电梯口，女孩父亲果真在那儿一直等着。

第二次逛超市，父亲仍然在出口等着母女俩。再逛超市，父亲还是站在出口处。知道父亲会一直守在出口，小女孩放心起来，总是比母亲快些找到父亲。一个月后，小女孩慢慢放开脚步，从入口到出口，总是先于父母抵达。三个月过去，小女孩交上了好朋友，再也不怕一个人睡觉，周末老嚷嚷一家人去游乐园玩。

后来，女孩父母将这个秘方告诉了有着同样心病的年轻父母，告诉他们："一直陪伴，是给孩子最好的礼物。"

有人说，陪伴，是最长情的告白。然而父母对子女的爱和情又何须告白呢！

这种爱，可能最"狠心"，他们会扔掉你的"拐杖"，任凭你跌倒在地哇哇大哭也不搀扶、不安慰、不伸手，他们看你步履蹒跚，一步一个踉跄慢慢站起来，从这个路口，到下一个站台。

这种爱，或许很"凌厉"，让你屁股挨过"响板"，手心吃过"笋子炒肉"，额头"炒"过"爆栗子"，你不能哭不能退缩，你得听他们"河东狮子吼"，从楼上传到楼下，从小时候念叨你离开家。

《朗诵者》中麦家说："这是一次蓄谋已久的远行，为了这一天，我们都用了十八年的时间作准备；这也是你命中注定的一次远行，有了这一天，你的人生才可能走得更远。"

可是，你更远了，他们该如何"骂"你呢？

去大海的那一边，去地球的另一端，还是靠着社交工具等你来聊？

聊今天你那儿的天气好吗？中午都吃了点啥？记得晚上散散步多走走，或者，试着交一个朋友吧。

你会说"嗯""好""行啊"，然后搪塞道"我正忙，先挂了哈"！你根本没耐心听完他们说那句"降温了，多加点衣服"！

他们只是忘了，你那儿已然明媚花开，早春来到。

这样一想，那些想要说的话如鲠在喉，该如何说，何时说，说多了说快了说大声了是不是你不爱听了？

其实，他们或许忘了，嘱咐和叮咛早已打成包装入行囊，随你去了远方。

然而，你去的远方，终究是没有唠叨，没有笑骂，也没有他们了。

他们只是在一份默默惦记里，一次仓促通话中，一枚小小信封上。

当看到麦家在《朗诵者》中读到"你从此没有了免费的厨师、采购员、保洁员、闹钟、司机、心理医生，你的父母变成了一封信、一部手机、一份思念，你成了自己的父亲、母亲、长辈"的那一刻，很多观众哽咽了，我也哽咽，天下母亲和孩子也会哽咽吧。

没有父母的远方，你是你，也不是你了。你是他们走远方的影子和心愿的方向。

于是，这世间的陪伴也不叫陪伴了，叫"我一直都在"。

他们一直在，就会陪着你闯天涯走海角，陪着你去看外面的世界，世界的精彩，还有精彩背后的挣扎和无奈。你哭着喊痛，笑着流泪，觉得自己无法坚持下去的时候，冷不丁他们站在你背后，拍拍肩膀说"我一直在"！

走，回家！

一锅饺子，一碗热汤，他们看着你狼吞虎咽吃饱喝好才肯善罢甘休，而那些所谓的委屈与不安，辛苦与烦恼也在此刻统统烟消云散。他们说回来就好，泪光中你看到了霜花已然开满鬓发。

恍然间，你长大了，他们老了。时间不知哪儿去了。

麦家说："我爱你，真想变作一颗吉星，高悬在你头顶，帮你化掉风雨，让和风丽日一直伴你前行。"

麦家对儿子说的，何尝不是天下父母对孩子说的。

恍惚间，又回到了昨天般。

闺女长大了，她也要去远方。和许许多多的孩子一样，她是属于远方的。

临行时，我说："闺女，注意安全，平平安安的。"

"那我该早出早归随时汇报吗？"闺女笑着问。

"路上慢些，回去快些。"我关切道，"快快乐乐的。"

"那我苦闷、烦恼、伤心、忧愁时也要快乐吗？"闺女笑着再问。

我反问她："郁闷是过，开心是过，要不你纠结着过一天？"

"我才不要，高兴就好啦！"闺女一脸嫌弃反驳我。

美好短暂，困苦不长，我只希望闺女健健康康拥有健全的身心就好啦！

譬如她看嫩叶会珍惜，看红花会愉悦，看流水会心动，看青山会笑脸盈盈，甚至她看蚂蚁搬家、看乌云密布、看日暮将至也是心醉的。她能看到世界的澄净与姣好，自然和朴实，看到了尘埃中有亮丽闪烁，有纯粹充盈，如果闺女看到了敞亮与纯真，那么，她的生命中就多了一分愉悦，少了一丝遗憾，心满意足就自然来到了。

闺女去远方，我的心也去了远方。但是我不能告诉她。

麦家给儿子的信中最后说："好吧，到此为止，我不想你，也希望你别想家。如果实在想了，那就读本书吧。你知道的，爸爸有句格言：读书就是回家。"

读书吧，闺女，带着你的热爱，去远方。

第三辑

静下来，才能见证人生的美丽

向往一小院，一口井，一门扉，一屋檐，一灶膛，一鸡舍，一炕头。向往一种拙朴、简素、单纯。向往有你，有我，一起其乐融融就好。

心静才会清澈，清澈的心，是快乐的见证

如秋叶静谧，似夏花绚烂，生活的恬淡，生命的澄澈，简单即好，快乐就行。

年轻人问先生："心中烦恼，该怎么办？"

"那就快乐！"先生道。

"但是我怎么也快乐不起来啊"，年轻人说，"升职搁浅了，房贷该缴了，女友分手了，父母着急了，这日子处处和我作对，何言快乐？"

年轻人满是抱怨，愈说愈苦闷的样子。先生不语，静静聆听。

看先生眼无波澜、一脸平和，年轻人心中叹道："还是先生好，没有苦恼事！"

先生笑笑，将右手放在左胸上，摊开另一只手，示意年轻人照做，此后合上眼，再无他话了。

甚是疑惑的年轻人不解，试着模仿之。片刻，室内鸦雀无声，耳朵清净起来。

于是，年轻人想："不言不说，不闻不问，烦恼该不会找上我吧？"

然稍许，早前的烦恼在心坎上影印得更加清晰、醒目，一幕幕追着年轻人而来。

"闭眼能忘掉烦恼，我天天做就好了，何须先生来指点迷津？"年轻人感慨道，"都言先生是智者，看来是浪得虚名啊！"

先生闭眼，与睁眼无二般，清静。年轻人闭眼，与睁眼没区别，多虑。

先生摸心口，心静自然凉。年轻人摸心口，烦恼诸多生。

摊开手，世界都是先生的。摊开手，年轻人说自己"一无所有"，该怎么办啊？

"烦恼总是烦恼生，清静缘来清静根。"临走时，先生送年轻人这句话。

年轻人没有再来。后来，年轻人满目含笑，总有人问他："先生，我心中烦恼，如何是好？"

"那就快乐！"先生道。

走出去才会快乐，找到自己才会快乐。

像好友小柯般，做一名背包客，一路行一路吃一路拍一路写，一路停停转转到天涯。随着他在朋友圈中的步履匆匆，辗转去非洲，看沙漠、鲸湾、日落、火烈鸟、剑羚、鹈鹕、海鸥、红泥人。去欧洲，游碧波浪漫的水城、水怪传说的尼斯湖、薰衣草天堂普罗旺斯、巴黎圣母院、凯旋门。去美洲，揽尼亚加拉大瀑布、马丘比丘古城、盐矿大教堂，看他千山万水走过，脚下蓊郁，一片森林，化作恣意谐趣的旅行日记，与有缘人他乡共天涯，看世界斑斓美好。

也有驴友、闺密、情侣、家人或跟着旅行团或驾车或自由行，走南闯北到外面的世界逛一逛，享受一种边走边玩的情感交流与风景漫看，很是放松惬意，非常自由招展。

然而，工作的忙碌，生活的紧凑，城市人随时走远方显然不现实，更多的人选择周末去近郊的山野、乡村、林间，去采青、寻迹、赏花、观景、赏物，轻轻松松好休闲，简简单单悠时光，如水时刻，僻静即好。

真人秀节目《向往的生活》，恰是这般美好自然的"桃园生活"让人万般艳羡，心生向往。

在一座宁静的大山里，村落点点，草木幽深，散落的农院浮在碧云深处，门扉轻叩，这户人家又来客人了，真人秀由此拉开序幕。

睿智的"黄小厨"，和蔼的"何老师"，机敏的"小华"，这是个临时组成的一家子，他们来到一个遥远的小山村，开始了田园农耕生活。

与他们朝夕相伴，日出而作日暮而归的还有一群热闹的"家人"，"欺软怕硬"的小狗"H"，爱唱歌的鸡仔"小白""小黄"，美丽可人的"彩灯"，爱听人聊天的山羊"点点"。农舍中，你掐我追，"鸡飞狗跳"，真是一场乐翻天的生活秀。

古诗言："锄禾日当午，汗滴禾下土。谁知盘中餐，粒粒皆辛苦。"农人的光阴，踩在田垄上，爬在山坡中，碎在土壤里。想要有菜有肉有瓜果吃，唯有耕田种地，劳动成就生活，收获粮油柴米，方能过日子。

于是，烈日炎炎下，这一家子一次次出现在玉米地里，一行行地掰下苞谷，以作生活之资。农人的采摘，是喜悦，亦是艰辛的付出。农家的收成，是幸福，亦是辛苦的历经，真实体验一回农耕过程，方知"盘中餐"的得来不易。

孔子说："有朋自远方来，不亦乐乎？"

《向往的生活》中，每一期都会聚集一帮"亲戚朋友"径直来串门子，于是，这个偏远的村落顿时沸腾起来。

众人唱："心火烧/心火烧/心扉呀/关不住了/爱情在心中打闹/他说是春天到了……"

大伙跳：现代舞、坝坝舞、机器舞，一群人"群魔乱舞"。

说的是天南海北话，谈的是五湖四海情。众人放下尘缘，撕了面具，许是那个天真、认真、率真的"我"翩然而来，喜笑颜开捉弄，煽风点火调侃，卿卿我我放逐。

王维道："故人具鸡黍，邀我至田家。绿树村边合，青山郭外斜。开轩面场圃，把酒话桑麻。待到重阳日，还来就菊花。"一起忙忙碌碌做一餐饭，一并齐心协力磨一箪食，一团乐乐呵呵享一刻闲。远车水马龙，忘欲望横流，离是是非非，淡成败功过。"与世隔绝"后，无所谓江湖，无所谓名利，无所谓是你是我了。

"随时，随性，随遇，随缘，随喜。"当下即好，简单便好。

与"H"玩皮球，与"点点"谈谈心，与"彩灯"逗逗乐，是夜，苍穹高远，深蓝幽邃，莹莹灯火，啾啾虫鸣，嘉树静默，枕着头，搭着肩，倚小几，天地一色，清浊不分，似是半梦半醒，酣然间，天际骤破，一束星光点燃长空，院内沸腾，流星雨下，许过愿，一家人拉着手儿，深情相拥。这片刻，谁人不向往？

向往一小院，一口井，一门扉，一屋檐，一灶膛，一鸡舍，一炕头。向往一种拙朴、简素、单纯。向往有你，有我，一起其乐融融就好。

王勃说："海内存知己，天涯若比邻。"

张九龄说："海上生明月，天涯共此时。"

王维说："劝君更尽一杯酒，西出阳关无故人。"

和喜欢的人一起说话，和知己的人一起玩耍，和相通的人一起进餐，是现实又如何？这就是我们的朴素生活，平凡日子。

时光不老，岁月静美

时光会老，岁月长情，和母亲说说话，与父亲唠唠嗑，在最美的华年里与家人共同度过，快乐成长。

除夕夜，母亲很有兴致地翻着老相册，脸上喜乐，嘴里念叨，说咱们一家人合个影吧。

说完等着孩子们响应，半晌，无人应答。一群低头族或自拍自嗨，或兴奋抢红包，或发着朋友圈，忙得不亦乐乎，就是没听见母亲在说话。

儿女难得回家团圆，母亲最终放弃了这个提议，一个人慢慢看着一张张老照片。

第一张是女儿放风筝，那时天很蓝，野外很空，风筝在天空里游着，绳线很自由，母亲伸手一拽，发现小姑娘的小辫子早已飞起来了。

第二张二小子吃着冰棍踩着足球，一脸阳光，十分洒脱，吃得满足自豪的样子。母亲一戳他的额头，"埋汰"道："好小子，你吃掉的可是咱家一天的小菜钱啊！"

三姑娘三岁的时候，最喜欢吹泡泡，泡泡吹得又圆又大煞是好看，最讨街坊四邻的喜爱。"就数你爱做梦啦！"母亲情不自禁地吻着小女儿。

"姥姥，我也要吻，像吻妈妈那样。"小外孙指着照片说。

新年第一天，孩子们的朋友圈里多了一张照片，老老少少围坐在父母身旁，笑得像一朵朵花儿一样。

孔子《论语》中有云："父母在，不远游，游必有方。"

于是乎，不论天涯海角，还是五湖四海，纵然路远山高，"找点空闲，找点时间，领着孩子，常回家看看"，便成了几千年中国孝道文化的基本形态，深深扎根于华夏文明的土壤中，落地生根，逢节庆尤为明显，而春节更甚。以我几位好友做法为例，或能感知当下新孝道的一二内涵了。

小康是一位职业经理，平日难得有时间陪伴父母，每逢腊月末，他便会驾着车带着老人、孩子偕妻子，畅游大好山水中，回到自然怀抱里，过一个亲近自然的中国年。

同学白水则将父母接到身边整整二十年了，工作再忙碌，他也不会忽略对老人的悉心照顾。而春节假期，他则会陪着妻子游历世界各国，孝敬"爹娘"，宠爱"老婆"，白水处理得非常融洽。

而嫁到北方的四川姑娘素素，年夜饭第一次少了麻辣鲜香味，总觉得那一桌子鼓鼓囊囊的饺子都满怀心事，热气腾腾尽是乡愁的滋味。细心的丈夫看在眼里疼在心里，第二年除夕夜，素素吃上了最可口美味的回锅肉饺子，婆婆擀的皮，母亲做的馅，一家五口其乐融融一起过春节。

有句歌词道："流浪的人在外想念你，亲爱的妈妈；流浪的脚步走遍天涯，没有一个家。"

再忙的人，也会回家。再远的人，也会归家。家是一座城，一扇窗，一盏灯，一个辽远的灯塔，照亮游子归来的方向。

有了家，时光温润，岁月不老。

然而，生活不仅仅赋予人们美好、圆满和快乐，还有数不清的缺失和遗憾，让人迷失，使人心痛。

张爱玲说："人生是一袭华美的袍子，上面爬满了虱子。"

这件美好如斯的袍子，不知掩盖了多少真相，隐藏了多少凋零，才有了如此光鲜的外表和鲜活的热度。

一想到张爱玲半生飘零，客死他乡，清清冷冷凄凄切切惨淡灰暗的一生，热爱她的人便心生了满腔的疼惜和怜悯。于是痛恨起她那个不争气的父亲，挣脱束缚想学娜拉出走的母亲，薄情寡义的丈夫胡兰成，还有让她失去孩子、拖累她半世光阴的第二任丈夫赖雅，痛恨他们没有好好珍惜她，爱护她，怜爱她。

孤灯残影下，大洋彼岸的张爱玲终以最哀婉、最凄凉的孑然一身走完风烛残年。淡淡一抹香魂，留给世人的，最是痛彻心扉。

《红楼梦》中黛玉唱道："花谢花飞飞满天，红消香断有谁怜？"流水知音，惜花惜人。花有黛玉葬，而葬花人又有谁来葬？可怜"一朝春尽红颜老，花落人亡两不知！"

张爱玲一世命途多舛，她的寂寂清影何尝不是众多才女的生命缩影呢！

还有，"词国皇后"李清照，"女校书"薛涛，盛名远播的鱼玄机、李冶、刘采春、关盼盼，各个璀璨夺目、灿若星河，而终归多以黯然神伤收梢，结局令人唏嘘，命运使人惋惜。

之于平凡人最普通的爱情、婚姻、家庭、子女，细数她们的前尘过往，这份心愿多是奢侈了。

"寂寞空庭春欲晚，梨花满地不开门。"冷冷清清，凄凄戚戚，这样的心境最适合种文章采诗词了。

前几日，看到一篇署名张爱玲的名为《我的学生姜淑梅》的文章，不禁兴致中来，认真阅读，收获颇丰。

这位叫张爱玲的作者生活在当下，是一位现代作家，她以亲身经历讲述母亲姜淑梅从大字不识蜕变成为中国作家的故事，短短一千五百字，字字都催人泪下。

二十年前，和老伴一同乘车回山东探亲的姜淑梅，目睹了丈夫因车祸撒手而去的痛苦瞬间，当她慢慢从逝去亲人的悲痛欲绝中挺过来后，经女儿鼓励，开始了识字读书的尝试。从认字起，电视字幕、说明书、招牌匾额，但凡有文字的地方，都成为她识字的现场教材。识字多了，便读幼儿故事书。这样日积月累，积少成多，慢慢地，姜淑梅可以写一些简单的字了。

女儿张爱玲回忆说：1998年自己第一本散文集入选"二十一世纪文学之星丛书"，遂邀请母亲签名留念。姜淑梅说自己要题上"根是苦菜花，发出甘蔗芽。本是乌鸦娘，抱出金凤凰"的字迹，为此足足练了一整天，一笔一画非常专注，整整齐齐极其认真。

后来，字认得愈来愈多，姜淑梅看《一千零一夜》，读鲁迅文学奖获奖作品《最慢的是活着》，想法多起来，观点更新颖。张爱玲瞧着母亲正在兴头上，于是再次鼓励她道："你有一肚子故事，不写出来就太可惜了。"姜淑梅心想写字多难啊，摇头拒绝了。直到学了几首新歌有自信后，她又主动向女儿请缨学习写文章。

谁会料到，这位白发双鬓的老人，写着写着文章就登上了杂志。

2013年，七十六岁的姜淑梅第一本出版书《乱时候，穷时候》正式与读者见面了。

第二年《苦菜花，甘蔗芽》问世。2015年《长脖子的女人》出版，同年，七十八岁的姜淑梅成为中国作家协会会员。这位自诩是中国最"年轻"中国作协会员的老人，用一腔浓郁的山东口音戏说自己"写书写了三年，是三年级的'小学生'"。

八十寿前，姜淑梅再向读者赠送了一份珍贵的礼物，第四本书《俺男人》2016年出版。

从文盲到作家，从平民到作家，姜淑梅老人的"草根"逆袭史，成为文学界的一桩美谈。

中央电视台"读书"栏目，凤凰卫视"名人面对面"栏目，梁文道"开卷八分钟"栏目等众多媒体纷纷报道了老人的"夕阳红"故事。视频中，她白裤红衣，说着笑着，俏生生的，时光从她的眼角流泻，一波旖旎，闪闪的，温柔的。

时光清疏，岁月澄净。

每一粒草籽，都可以长成希望的大树

种下一个心愿，常浇水，多培土，勤耕耘，它便会慢慢发芽，成长，结果。

一株树和一棵草是邻居。

一场春雨下过，清澄的甘露和肥美的泥土将草籽拱出，慢慢滋养得青葱娇嫩，出挑的身段，翠色的姿颜，生命茁壮，精神丰美，愈发恣意放肆。

小草欢喜，更是梦想自己可以长得很高很高，比邻居那株懒洋洋不奋斗的小树高大多了。

小草愈想愈努力，愈努力愈发高起来，它甚至觉得已经触手可及小树的衣服（叶子）了。

二月草长莺飞，三月蓬勃发展，四月过，至五月，小草使出了浑身劲，但自己的筋骨、腿脚再也迈不开，而邻居小树已换新颜，雄姿勃发，一派盎然，踮起脚尖，怎么也够不着小树的衣角了。时日愈久，差距愈大，小草愈是着急，一脸灰心丧气，特别难过懊恼。

到了夏天，小草拼尽全力，让自己盛大开放，茂密葱茏的样子，它认为只要坚持、努力，一定可以长成自己想要的模样。无奈秋风瑟瑟，空气凉薄，霜雪淹没了小草的根叶，"我要长大"的梦慢慢沉寂、封存。

一声春雷，春风拂来，大地又沸腾了。小草觉得血脉温暖，自己有使不完的劲，它欣欣然睁开眼，阳光、雨露、轻风，一切如故，邻居小树仍是小树，它的衣服（叶子）触手可及。

但小草不再羡慕，自己一岁一枯荣的生命，何尝不是体验岁月呢，何尝不是另外一种成长呢！

中国的小孩子或许都写过这样的命题作文：你的理想是什么？或者你长大后想成为谁？

答案五花八门：科学家、艺术家、考古学家、英雄、警察、教师等等，总之是光芒四射让人仰慕和尊敬的职业，但凡如此写，老师便会毫不吝啬地给出高分鼓励。

孩子们习惯了这种套路，以理想高为荣耀，是否能实现倒是其次了。

也有另类者，有让人大跌眼镜的理想，说长大后想做一名乞丐，问其原因，说可以四海为家，周游世界。

说做乞丐的这孩子，是表妹的儿子可可。

乞丐是什么职业，在普通人眼里扮演着"寄生虫"的角色。可可想成为乞丐，当时惊呆了在场所有人，唯独妈妈支持说："可可，是喜欢射雕英雄传里的洪七公帮主吗？"

可可直点头道："嗯嗯。"

"那你喜欢他什么呢？"妈妈再问。

"他是美食家，武功好，能打坏人。"可可一脸崇拜地答，"我也想做美食家，干掉反派欧阳锋。"

原来，可可心中的乞丐，是可爱的、强大的、正义的、潇洒的。

每个孩子就像未发芽的一粒种子，为草为花为大树，结果并不重要，生命蓬勃、精神积极便好。

我也曾阅读到这样一则故事，颇有意思。说老钢琴家七十大寿的时候，家中来了一位不速之客，声称是他的弟子，从大洋彼岸赶回来参加恩师寿宴，感谢培育之恩。

这位自称弟子的人，是一位风头正健的钢琴大师，当所有人把羡慕眼光投射到老钢琴家身上的时候，他疑惑了，这位"弟子"，我不认识啊？

瞧老人左顾又想也没记起来，年轻钢琴家便笑着将这段因缘一一道来。

二十多年前，一个偏僻的小镇上来了一位风华正茂的钢琴家，他受邀来为贫困的孩子们讲课。当时，我就在坐在下面，年轻钢琴家端来板凳，规规矩矩坐上去，两手平整放在膝盖上，崇拜地望向老钢琴家，说当年我就像今天这般，虔诚得大气不敢出。

"哦"，老人呼一声，"我的确参加过一阵子公益巡讲，给孩子们弹弹琴，说说故事。"

"对，我就是孩子中一员。"年轻钢琴家说，"有孩子还问了一个问题？"

"什么问题？"老钢琴家好奇道。

年轻钢琴家笑道："问您这群孩子中间会有未来的钢琴家吗？"

"那我如何说？"老钢琴家心想，"我哪能辨别什么人可以成为钢琴家啊？"

"您什么也没说，直接指着我。"言毕，年轻钢琴家害羞低下头再道，"后来，我央求妈妈给我买了一架旧钢琴，没日没夜地练习，遇到困难我就想起你对我的殷切希望，怎能辜负呢！"

"哈哈，所以我就成了你的启蒙老师？"老钢琴家朗声笑起来，说，"我已经回想起，确实有过这样的事，每到一处讲课，都会有孩子问同样的问题，我都会指向台下所有人。"

原来如此，宾客们鼓掌响起来，年轻钢琴家也恍然大悟。

每个孩子都看到了这一记鼓励的手势，唯有这位已然成功的年轻钢琴家记住了，他坚信钢琴家眼光绝不会错了。于是，一棵"你就是未来钢琴家的种子"悄然播下，不屈不挠坚定地往上生长。

当然，年轻的钢琴家即便有信念，也有可能长不成"参天大树"，但努力的过程远比结果更有意义，不是吗？

看不清自己，就是症结的所在

照照镜子，整整衣冠，看清每一天的自己，才会真实地生活，踏实地工作。

牛犁田，驴拉磨，它们都是主人的好帮手，很受宠爱。

牛日出而作、日落而归，勤勉耕耘、埋头苦干的性子很得主人欢心，但是牛不擅言谈、不好交际，以至于有好吃好喝时，主人总把它忘记。

驴最喜欢拉磨，拉磨有美食。在驴的印象里，碾磨谷、豆是最讨巧的场面活，不但有面子，主人还会将最好的谷糠、豆渣都奖励给自己，得了好处决不张扬，驴认为牛是"蒙在鼓里"。

但凡主人忘了给驴奖励美食，驴在地上故意打个滚，主人便知其意，马上送来好吃好喝的。

主人对驴的宠爱有加，驴认为是自己有本事、能干活，当之无愧，所以骄傲。

主人对牛的默默以对，驴认为是牛笨头笨脑、技能太少、不会处事，全是自找，暗地嘲笑。

来年逢大旱，庄稼颗粒无收，眼看储存的粮食要吃完了，主人非常着急，想让驴作运输工具挣点钱换些粮，想着主人对自己的好，驴打个滚满口应承。

第一趟，三十公斤十公里，驴只觉得一路口干舌燥，真是要了自己老命啊！

第二趟，四十公斤十五公里，负重增加，驴又饿又累，歇了五次才到达目的地。

这样拉磨似的速度，主人有些埋汰了，说这驴吃得太胖，都跑不动了。

主人的嫌弃，让驴气不打一处来，心中直骂咧，你来试试看，但又不得不履行承诺。

第三趟后，驴心中怒火狂烧，因为主人吃馍馍，给它吃枯草，驴从来没想过主人原来这么自私自利，心中很是不快，躺地上连续打了几个滚，只等主人好言相劝、好吃相送。却不料主人不耐烦地念道："不中用的东西，卖了再买一头牛！"

第二年开春，两头牛将干涸的田地犁得又深又新，主人磨了豆花，豆渣奖励给勤劳的牛。

第二天，主人看见豆渣在槽里原封不动。

B小姐和F君就职同一家媒体。

B小姐干练精神，头脑清晰，是采访一把好手，经她采编的稿子，很好看。

F君少言寡语，做事中规中矩，稿子虽算不得拔尖，但也一位不错的记者。

因为B小姐业务能力日渐突出，领导便将一些较为重要的采访任务交与她，B小姐更加如鱼得水，以此觉得，团队中就自己付出多、工作累，似乎都指望着她的稿子增加看点和热点呢。

慢慢地，B小姐开始抵触各种派活，开始有选择性的挑选采访对象，非富即贵者才有可能成为她的目标人物，而她的采访稿也愈发出彩、拔尖，业内名气剧增。F君则紧跟B小姐脚步，总能收获些"剩单"，B小姐一脸不屑，说："F，捡了大便宜，记得请客哦。"

F爽快道："走，吃大餐去！"

随着B小姐对采访对象的要求增高，适合她采访的人物愈来愈少了，她待在办公室的时间日渐多起来，无聊中她发现，以前尾随她抢"剩单"的F君消失般，踪影全无，但稿子发的倒是没完没了的。B小姐有些气恼，见了F不给好看脸色，F君倒是不介意。

终于，因B小姐采访不在状态，导致与被采访者不欢而散。情急之下，领导派出F救场才平息了事。B小姐受到批评，F君不仅收获同事赞誉，作为这次采访的活动体验者，还拿到了采访对象某房地产开发商一张八折购房优惠券，羡煞人也。

想当初B小姐就是因为不愿意参加体验环节，而与对方起了分歧，她不知有珍贵的优惠卡赠予，导致了采访未能完成。B小姐得知此事后，觉得F君肯定动了歪心思将自己的业务抢走了，于是心有不甘向领导反映，结果碰了一鼻子灰，盛怒之下，干脆辞职走人。

众人惋惜之余，只觉得B小姐迟早有这么一天吧。

工作挑喜欢的，看人昂着头的，做事随性子的，迷失在鲜花和掌声中的B小姐认不清自己，如此结果必然了。她只需稍微静下来就会知道，是F君默默跟在她身后，替她圆满了多少采访工作。

在日益繁复的镜像中，怎么才能想得清楚，看得明白呢？父亲不经意中教给我一个好办法：

父亲喜欢在阳台上种植蔬菜，每次劳动后双手皆是泥巴，于是在旁置一水桶，起身后便在水桶中洗手，反复几天不换水。母亲说桶里积了那么多泥土，该是多脏啊，得天天换水。父亲则笑笑，说："明天早晨你再来看看，需要换水不？"

好奇心遂起，清晨早早来到阳台上，天蒙蒙亮，朝霞晕染，空气幽凉，我轻轻俯下身，有影子浮在水面，桶中平静而澄澈，我顿时恍然大悟，原来，水等到积淀好以后，就会变得澄静，就像自己忙乱的生活，如果能让自己静下心来一段时间，必然也会变得有条理。

变形的心就像一面哈哈镜，容颜被改变，欲望被膨胀，初心被揉皱，对着它，还是那个真实的自己吗？

顺境中不容易看清自己，逆境中同样也是。

据说明代画家唐伯虎，因有人诬陷考场作弊而终身被禁参加科举考试，这对唯有通过科举来最快改变命运的古代才子来说，无疑断送了一生前程和美好未来。无奈之中唐伯虎中选择了执笔泼墨安慰平生，寄情于山水歌赋之间，经常和朋友一起"读书、品茗、对弈、听乐"，不仅留下不少传世之作，生活过得也十分潇洒闲适。

俗话说得好：失之东隅，收之桑榆。现实给唐伯虎堵上一扇门，何尝没有为他准备一扇窗。因为绝望，激发潜能，因为无路可走，唐伯虎只能醉心于琴棋书画打发光阴，笔下生辉的他创作出无数佳作，成为一代文豪和传世画家，受后人敬仰。

顺顺利利是好事，跌跌宕宕何尝又是坏事。

宋代大文豪苏轼如若不是仕途曲折风波，他怎能历经万水千山，体验大好河山的美好，感悟人情世故的真谛，写出千古文章，吟出豪迈诗词呢！

都是惆怅人间客，冷落中学会思考，失去里才会明白，我是谁，我在何处，去往何地。

于是，弄清楚了的人，便会珍惜拥有，活在当下。静静地，时光里也会开出花来。

没有未来是一清二楚的，唯有前行

未来不知，过去不追，一步一个脚印随心随遇随时走下去，一切都在意料中。

毕业三十年同学会，众人齐聚在A同学的农庄，盛大的篝火晚会让人觉得仿佛又回到了毕业那一晚。

一群人喝酒、唱歌、谈未来。

A说，读万卷书，不如行万里路，我的人生在路上，永不停歇。

B说，我没你折腾，只想老老实实上班就好了。

说不定你以后是最折腾的那个，A对B说。众人笑。

C很博学，腼腆的他一直想成为一名优秀的教师。

D是班上体育最好的男生，大家笑说肯定是下一个世界冠军。

在场的E、F、G、H，每个人将理想写成字条装进了一只瓶子里，30年后准备一起打开自己的未来。此刻，打开那只岁月的瓶子，大家一张张念着、看着，不由自主地大笑起来。看看此情此景下：

D站在篝火旁，如众星捧月般闪亮，他现在是一位国际知名模特。

而B在酒桌上最折腾，喝酒、聊天、讲笑话，A说这小子混生意场合，总没个正行，说都瞧瞧C，站有站姿，坐有坐姿，挨着他就踏实，没人敢进犯一分一毫。

众人齐声和说，是啊，最小个最害羞的C成了最刚强最威猛的军人，我们的生活怎不安全幸福呢。

有人说最喜欢A的自在逍遥，"采菊东篱下，悠然见南山"，既环保、又朴素、还时尚得职业生活一体化，大门不出就可以看见好风光。

A笑着应承，说年轻时想走四方，以为那才是自己想要的未来，走着走着才发现未来一直在脚下、手中、心中，慢慢向前就好啦。

"谁说不是呢！"众人异口同声道。

未来是什么，未来在何方？

在画家眼里，未来就是一幅泼墨画，意境悠远。在舞蹈家眼里，未来就是旋转的舞鞋，艺术长青。在运动员眼里，未来就是自我挑战，打破极限。未来，其实就是每一次改变和超越吧。

格子说："我想辞职，重新来过。"

格子心中的"重新来过"，是想寻梦，一个年少时种下的理想：做一名专职作家。

惊诧之余，对格子人到中年忽地转行的勇气，充满了敬意和钦佩。

前方未知，道路不明，朋友无不担心道："格子，万一走不通，怎么办？"

"没努力过，怎会知道走不通。"格子坚定地说，"哪有明明白白的未来，走走不就知道了吗？"

此后，格子便消失在众人半信半疑的目光中。直到一年后的某一天，朋友圈中一条信息炸开了锅：

我是格子，《每一天都活得热气腾腾》

这就是我的梦，我的新书。

下方醒目的是一帧立体封，画上女子明媚，手捧鲜花，含笑低首，一个熟悉的名字迎面而来："黑白格的时间"，在名字的一侧，竖着两排文字：

　　写给把梦全权托管给明天的姑娘们！

　　这不就是少年格子的未来梦吗？

　　一时间，道贺的，转发的，鼓励的，索要签名版新书的读者络绎不绝。那些对格子转行曾深表担忧的好友们，从各个角落里冒出来，叫好连连，点赞不断，充满了佩服和艳羡。很多人留言说：

　　格子，真棒！

　　格子，还会继续写字吗？

　　格子，可以喘口气歇歇了。

　　被热情褒奖的格子含笑不语，接受着赞扬和祝福。眼前繁花一片，美好盛大，有心担心格子还会往前走吗？

　　一条朋友圈信息很快打消了疑虑：

　　梦在路上，未来在手中

　　没有谁知道文学路会遇见什么，经历什么

　　唯有前行，方得始终

　　格子，再次起航

　　自此后，格子再次潜水，消失得无影无踪。等到再见面，一段话语，一帧封面，变成了格子归来的信号，新书发布会。

兜兜转转，走走停停，像格子这个年纪生活稳定的人，能放下拥有，携梦而行，带着初衷重新上路的，现实有几人？

近期热播的电视剧《人民的名义》中，饰演京州市市委书记李达康一角的演员吴刚，凭借精湛的表演技艺，生动的人物刻画，受到观众追捧和认可，掀起一阵"达康书记"表情包热潮，可谓一夜爆红。

吴刚饰演"达康书记"一角，荧屏形象成功来得晚些，但在意料之中。细心的观众挖掘，身为话剧演员的吴刚在话剧上是有所建树的。虽然在影视剧中却鲜有作品，但是，这不代表吴刚不能演戏。例如，吴刚老师在《三国演义》《东周列国》《潜伏》中饰演了小角色，他演得栩栩如生，尽管都是些无足轻重一闪而过的荧屏形象，却给观众留下了深刻的印象。

马云说："我始终对未来有期许，始终相信我要努力，要证明自己。"

其实，生命中所谓的机缘巧合，无非是未来给坚持和努力者早已准备好的礼物，只要往前走，不回头，它便会随时随地姗姗而来。

幸运从来都会眷顾默默地从不放弃、只顾前行的坚守者，他们往往才会一鸣惊人。

随遇而安，珍惜拥有

你来了，我一直在。世间最动人的情话不是我喜欢你，我想你，我爱你，而是我们坐着摇椅慢慢老下去。

女子发愿月老："可否许我一位富贵的郎君，弥补上一世贫困的凄苦？"

月老微笑着成全，顺势扔出一根红线。

大红轿子穿过五座桥十条街，小孩闹，老人瞧，媳妇笑，四里八乡都知道富甲一方的张员外续弦了，笑这小娘子福气真好。

可女子懊恼，我怎么能跟五十岁老头过下去呢？

新婚不久，女子郁郁而终。员外再娶。

女子来到奈何桥，死活不喝孟婆汤，央求孟婆帮忙给月老说情，许自己下一世郎君风流倜傥、俊美潇洒。

孟婆拗不过女子，遂帮忙达成心愿。

一顶小轿将女子抬到王家做了他人妇。大婚日子，郎君不归，次日亦未归。几日后，归来的郎君玉面薄唇、冷眼相加。女子伤心欲绝，于是在佛前许愿，下一世一定要遇到一位钟情专一、生活长长久久的郎君。

再转世投胎，女子如愿以偿地嫁了一位顶天立地、专情重义的将军。女子心生欢喜，满足得很，觉得这三生三世的煎熬终于苦尽甘来，这一世是最美好的生活。

良人佳缘，恩爱夫妻真是羡煞旁人。但好日子不过三个月，边境告急，将军出征，女子含泪告别郎君。

只道鸿雁归来有时，不料一去遥遥无期。女子心有苦楚，只怪自己命不好，几生几世没有遇到好姻缘过上好日子，心有不甘地离开了人世。

再遇孟婆，女子果断喝下忘情水。

再看到月老捋不清的红线，女子抬脚往前走。

女子不求不请不愿，一切空空如也。欢愉不觉间涌来，是那种甩也甩不掉的幸福的感觉。

中国神话故事里，"月老"是红尘男女最想"巴结"之人，他掌管着世间大众的姻缘情事，以红绳为媒，轻轻一抖，有情男女似是饮了甘露雨润般，春意纷纷乍起，荡了一波心湖微澜。

沈从文说："我明白你会来，所以我等。"

所以我等，纵是万水千山，张兆和也会走来。

那一年，他是清华教师，月朗风清，然木讷谨言，第一次上课就出糗，教室中笑作一团。

那一年，她也笑了。坐在台下，看先生脸红微微，不知所措。

殊不知，前世今生种下的姻缘，已由"月老"轻轻启开。

他们的爱情，就像四月天里的山涧云烟，像五月天里梁间燕子的呢喃，轻荡在和风细雨中漫溯、婉转。

那个时候，民国才子最会书写饱含浓情蜜意和生命体温的情书，沈从文也不例外，算是个中高手了。

"我行过许多地方的桥，看过许多次数的云，喝过许多种类的酒，却只爱过一个正当最好年龄的人。"那些如雪花般的情书，就这般肆无忌惮地一封封飞向张兆和。

然而，她总是沉默、忽略、不说。其实她很苦恼，那么多青年才俊追求自己，该如何认清楚每个人呢？

俏皮的她灵机一动，偷乐中将他们编成了青蛙部队："青蛙

1""青蛙2""青蛙3"，以至于二姐允和曾取笑沈从文大约是要排到"癫蛤蟆第13号"了。

即便竞争如此激烈，沈从文亦是不退分毫。

终有一日，沉默的张兆和烦了清华校园中她与沈从文的流言蜚语，于是抱了大摞情书找校长胡适理论，气冲冲控诉说："老师老对我这样子。"

胡适却笑答："他非常顽固地爱你。"

张兆和气更甚，斩钉截铁道："我很顽固地不爱他。"

本来想告沈从文一状，通过胡适传话让他知难而退，然而张兆和万万没想到，胡适不但不批评沈从文，竟然还想帮着说媒，促成这桩好事成真。

校长有意"包庇"，沈从文写情书更是殷勤有加。如果改编周星驰版的电影《鹿鼎记》中一句经典对白："老师对你的爱慕，犹如滔滔江水连绵不绝，又如黄河泛滥一发不可收拾。"倒是刚好应了这个景。

爱如潮水，它将你包围。爱让张兆和最终"缴械投降"，沈从文终于抱得美人归。这段才子佳人的爱情故事成为民国佳话。

"我明白你会来，所以我等。"何尝不是古往今来有情男女的执着坚守呢。

譬如薛涛等元稹复而归来，结一段"姐弟情"。鱼玄机等温庭筠心扉敞开，圆一场"师生恋"。李季兰等皎然再起凡心，倾一生"红尘缘"。只是造化弄人，"月老"并没眷顾这些美丽多情的才女，她们的爱情早早凋零在春花秋月里，跌落如浮萍，随波飘荡去。

爱情两个字，好难。

纳兰性德说："人生若只如初见，何事秋风悲画扇。等闲变却故人心，却道故人心易变。"有缘人注定相遇，偶然间，无情人终归冷漠，分必然。爱情美好，始于那一回顾盼嫣然，情感多蹇，终究一场山河永寂。想当年，汉成帝有多爱赵飞燕，就有多宠班婕妤了，帝王家的爱情与婚姻，坟墓里莺莺燕燕罢了。

做一个通透人，清世相，明时事，班婕妤做到了。她智慧地选择了放下，后宫中清寂一生，不圆满中获得心安、宁静。

纳兰性德还说："被酒莫惊春睡重，赌书消得泼茶香，当时只道是寻常。"一桩门当户对、佳偶天成、天作之合的好姻缘，终究也是镜花水月，好梦难圆。想当年赵明诚和李清照是多么情意相投、恩爱有加，看书、写诗、挥毫、赏物、喝茶，他们左手情牵，右手画圆，是最幸福的知己爱人，然而上苍并未眷顾他们太久，这桩美缘遇到了残酷的战争，最终赵明诚早逝，与李清照天人永隔。

"醉过才知酒浓，爱过才知情重。"这话胡适说得好。没有生命会重来，没有人生再活过，过去不忆，未来不追，唯愿此时，天涯共明月，四海皆我心，那便好，隔岸也会闻花香，悠然踏波而来。

这样一想，豁然开朗，心中透亮。见情人分手，见婚姻触礁，都可以说一声生活美好，只要有心，一切都可以重来，祝福他们遇到更好的那位。失去爱情，经历失败，都无所谓抱憾，所有的开始都是从结束中跃然而起，再想想，便一切都释然了。

当下正好，随遇而安。

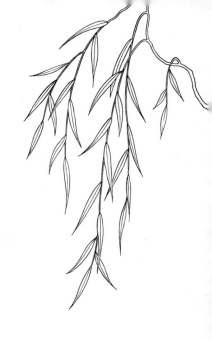

第四辑

静下来，有爱和包容，才会有真正的快乐

以平视的眼光看待，以平静的心理对待，以平和的态度相待，每个人眼里的世界，少了高低、贵贱、大小、亲疏，也就少了人与人，人与物，人与天地之间的交流鸿沟。恭敬万物者，也使自己庄严。

仁和爱才是快乐的源泉

做一次好事容易，做一辈子好事难。细水长流，青山常在，懂得付出，才会快乐。

男子有良田百亩，房子百间，牲口百头，是富甲一方的有钱人，不知何故，男子却生活得郁郁寡欢，烦恼不知何处生？

有人说，方山黑脸观音很是灵验，能许人愿望达成。男子前往，叩拜请愿佛予以笑口常开。

不料几日后，男子更烦恼了，他家来了三位乞丐，蹲在门前死活不走。一位骨瘦如柴风一吹就能摞倒的老人，一位衣衫褴褛披头散发的中年男人，一个肮脏不堪满身跳蚤的小伙子。

路过的人都掩鼻而过，男子更是嫌弃，呵斥道："哪来的乞丐，赶紧走！"

三位乞丐充耳不闻，仍然在门前乞讨晒太阳。

当夜子时，天气骤变，一场暴雨突如其来地席卷了天地。大雨如注中，老人饿得晕了过去，中年人冻得全身发抖，小伙子见状，敲响了男子家大门，被吵醒的男子不快道："赶紧找人将他们撵走。"

男子妻子心生怜悯说："大冷天，让他们去牲口圈暂避一晚吧？"

男子无可奈何地应承了，他怕乞丐们不罢不休惊扰了家人睡梦。

次日，天光放亮，雨还在下，从窗户看出去，男子看见三位乞丐在雨中东逛西走，四处打量谷仓、房屋，牲口，别有用心的样子。男子十分愤怒，立刻想轰走他们，被妻子拦住："雨还下着，待天晴吧。"

男子叹气，说妻子是妇人之仁，遭了贼就知道好歹了。

夜里，雨愈下愈大，遇上了一场百年不遇的大暴雨，院子里水漫起来，低矮处开始渗漏。男子听见梁上淅沥沥声慢慢响起，水从天上来，坚固的主卧室都漏水了，其他房间的情形可想而知，他很想去看看，然而风交加水如注，把他阻挡在房里捶胸顿足。

黎明时分，雨停，天放晴，男子赶紧跑出门，气恼着去撵人，他觉得这场大暴雨都是三位不速之客带来的灾难，后悔当初没狠下心肠赶走"扫把星"，带来如此厄运。

当男子跑到院中时，眼前一幕他让他惊愕了。

三位乞丐正忙忙碌碌着，老人扶着梯子，年轻人递着东西，中年人趴在房顶，对面的屋顶上一间间铺着毡布，百间房子完好无损，乞丐们周身湿透。不知是雨还是汗。

男人眼中滚烫，一串泪花掉下来。

随后，年轻人将牲口屋子挨个打扫得干干净净，又给每头牲口清洗、查病。

男人让三位乞丐住在客房，好酒好菜伺候着。来年开春，老人帮着男子育苗，看着一行行种下的希望，男子觉得，这是一颗颗黄澄澄的金子啊。

当初一次不情愿的爱心布施，收获的却是满满春夏秋冬，男子觉得开心极了。

此后，四里八乡多了一位大善人，救济穷人，帮扶乡亲，男子宅心仁厚，有人说他就是方山上的黑脸观音转世，心澄如莲。

记得我在五六岁的时候，喜欢随祖母串门子，所到之处，街坊四邻便会托出塑料盘，盘中搁着花生、胡豆、冰糖、果子等小零食，由着小孩吃闹，主妇则给祖母泡一杯沱茶，家长里短的，众人聊聊日子，吐吐心事，偶有唉声叹气和抱怨声声，也在祖母的趣谈纷纷中化为烟云了。

祖母清朗，笑眼弯弯像搁了一轮牙月，予人光辉。

慈爱的人，都是可亲可敬的。

记得苏青说过自己祖父冯丙然，她说："桥边的人都站起来了，问候我祖父，把一切里巷见闻都告诉他听，征求他意见，听取他的判断……只听见祖父沉着而和蔼地在答复他们了。"

智者明，慧者清，智慧又清又明，如四月天，阳光明媚，让人如沐春风。

记得有一年，祖母在土坯房侧开辟出一块空地，栽上鸡冠花、栀子花、蔷薇花、月季花、芭蕉花等，用心培植、浇灌，慢慢地花儿开出来，竟惹得四邻驻足，羡慕不已，芬芳四溢。

夜深人静时，每当小花园里犬吠声起，我便急急跳跳往祖母跟前跑，故作神秘道："又来了。"

祖母一咧嘴，竖起二拇指"嘘"一声，开心得像小孩样。

我着急道："'采花大盗'来了。"祖母却说："花不在多，有香则名。"说完拉开屋檐下的电灯线，窗外一片清辉，门外小径清晰可见，陌上采花人缓缓归矣。

隔日，祖母找来石匠在小花园砌了石凳石几，支了藤架，铺上干草，小凉亭就此竣工，四邻隔壁欢喜而来，一时热闹无比。

但凡邻里说喜欢某株花某盆草，祖母便动起来，帮着移栽花草去。来年，娇艳欲滴的蔷薇从左邻右舍的墙垣探头过来，祖母笑说："这花儿回家探亲啦！"

予人玫瑰，手有余香。谁说不是呢！

"独乐乐了不如众乐乐，大家好才是真的好。"小时候，总听祖母这般念叨着。

老屋门前有一条街市的石板路，每逢赶集日，总有四里八乡的人从屋门口经过，大家喜欢此处停停脚，歇歇凉。

早些年，祖母找人在路旁凿了一口井，井边系上水桶，再置几个碗，路人经过时，打一碗井水喝下，那真是清流涌入干涸心田，一股子清凉爽劲让整个人舒坦起来，美好万分。

路人记得祖母的好，井水、水桶、土碗都保护得好好的，甘泉不断，永葆水流。

到了九十月，祖母家有棵麻梨树缀满了果子，惹来一群小孩子垂涎欲滴，见他们窥探，祖母便暗笑着将一梯子、一竹竿放在梨树下，傍晚的时候，孩子们陆续来到树下，果子摘得欢快热闹，梨树下总是笑语连连。

"忘不了故乡/年年梨花放/染满了山冈我的小村庄……"

现在，每逢看到遍野的梨花开满山坡，便会想起小时候，洁白的梨树，梨树下祖母满头银发，莹莹闪烁。

春、夏、秋，农人院里，谷物丰实，鸟虫繁荣。而隆冬到来时，霜雪纷纷，皑皑一片，田间地头粮草不济，窗外时闻飞鸟凄凄低鸣掠过，这时，祖母将屋内的石舂挪到屋檐下，放上玉米、谷子、草籽等，虫鸟闻香而来觅食，络绎不绝的队伍，像是回到了温暖的巢穴。

看着祖母像对待孩子一样对鸟儿们的样子，再看看它们，便觉这世间真好，也想做一只鸟儿虫儿了。

一生中，最记得祖母说："流水走了还会来，太阳下了还会升，枯草荒了还会绿。"每当想起，便会觉得给予和舍弃是那么美的事，所有的付出会不经意回到你身边，陌上花开，慢慢归矣。

恭敬他人，就是使自己庄严

世间万物皆有情，持恭敬心，怀清净心，有慈悲心，生命庄严，法相庄严。

观众席上阵阵唏嘘，拳击台上的形势已然明朗。

A选手拳头不松，速度不减，招招凶狠，拳头猛烈密匝地落在B选手身上。

B选手嘴角渗血，眼角红肿，双手抱着头趴在地上，显然已无招架之力。

这场拳击赛看似进入尾声，B的抵抗愈来愈弱，A的攻击毫不留情。

虽大势已定，A依然不依不饶地将B打得遍体鳞伤。

观众席上引发一片哗然，这强弱太过悬殊，A的拳头不能宽容些吗？

有人替因伤势过重在医院里躺了三个月的B不值道："明明是好朋友，却这般铁石心肠，以后见着A一定绕着走。"

"我感激他还来不及呢！"B爽朗一笑说，"我和他约好了下月再战。"

"还感激，再战？"抱怨者甚是疑惑。

"是啊，我对对手也是决计不手软的，这是尊重，是对他人最大的恭敬。"B的一席话令怨怼者猛然醒悟。

持有恭敬心，何尝不是使自己庄严。

恭敬他人，就是使自己庄严。

大千世界，万象众生，地球上的一景一物，一花一草，一石一沙，生命繁荣，生生不息。念天地之悠悠，看山河于锦绣，与世人朝朝暮暮长相见，日日夜夜共枕眠，何来不爱之，不惜之。

然而，俗世繁华，尘世叨扰，导致人心蒙尘，迷惘者比比皆是。

见玫瑰香气袭人，摘一朵回家吧；见湖畔如茵，正是野炊去处；见蚂蚁搬家，饶是烦人踩掉；见流浪小狗，吆喝赶走；见人乞讨，视而不见……面孔因此而变得冷漠，照照镜子，何尝不是你我呢。

如果生活中多一点点爱，与世界和谐，与自然和平，与自己和解，是不是另一番境地？

网上看见一段视频，很受触动。画面上是一条人行道，端口两边一行车停滞不前，愈来愈多的车跟上来，已然排成长龙。对着屏幕细瞧，路口没有红绿灯，再往远处望，也没有事故发生，纳闷中，我朝车窗看过去，见有车主伸出头，眉目和蔼，一脸慈爱，都远望着人行道中央，随众人眼光追过去，见一只小狗正蹒跚往前奔着，三条腿的它那么努力，那么认真，也那么安心。

这个镜头，定格心间，清晰如昨。

每当看到车辆飞过人行道，听到喇叭声声催促，就会想起车等狗通过路口那一幕，静待的庄严，恭敬心何尝不是慈悲意，明心见性也。

后来，但凡路过或走过人行道，便习惯了留意这条短短道路上的形形色色故事，譬如女孩搀扶盲人过街，车辆给老人让道，学生模样的年轻人给下雨中跌倒的人打伞，司机等流浪狗通过路口等，这种小事大爱，已然浸润在城市的肺叶中，茎脉翠绿。

以清净心、平等心、慈悲心对待众生万物，每一颗心便会在尘埃里开出花来。

父亲说，平视一切，以己度物，慢慢地，便会知道所谓的佛手仁心，它没有那么高深，也不在别处，就在我们的吃、穿、住、行、意、学、悟里，简简单单，平平凡凡。

记得一次，父亲准备外出游玩，临行前叮嘱我，定要照顾好阳台上的黄瓜、苦瓜、丝瓜等秧苗，记得早晚浇水，隔日施肥，当心别碰着它们了。

我一笑，真觉父亲啰唆，不就浇水、施肥这种小事嘛，眼见工夫，手到擒来也。

第一日，因事回家晚，疲惫中倒头便睡，把给瓜秧们浇水一事搁置脑后，次日一通忙碌后将这事抛在九霄云外了。

第三日凌晨，睡梦中手机嘀铃铃响起，接起父亲电话那一刻猛地惊呼："糟糕，浇水！"扔了手机就往阳台跑，眼前一幕，除了羞愧难当就是满满心疼，一株株瓜秧们耷拉着头，倔强地迎向热浪，即使两天两夜不吃不喝，也没有半分退缩。愧疚中赶紧浇水，向每一株植物默默道歉，待半刻钟，瓜秧们吃饱喝饱后，舒筋展骨中频频颔首，像是无言的感谢。

惜一株苗，护一朵花，守一茎叶，与瓜秧们朝夕相处，静守生命无限美好。人说种豆得豆，种瓜得瓜，几日后，翠绿绿的黄瓜纷纷探出头，朵朵花儿纷纷喜笑颜开。果实是勤劳者的礼物，何尝不是恭敬生命者的礼物呢。

人、动物、植物，无限多的生命链接了这世间美好，尊重、爱护、珍惜、敬畏彼此，肃穆人生，法相庄严。

前几日看一文，说梅兰芳拜齐白石为师，作为弟子，经常毕恭毕敬地为师父研磨铺纸，弟子之道做得虔诚无比，甚得齐白石喜爱，研习一阵，梅兰芳画艺精进，深受师父的赏识，两人情谊深厚。后来，梅兰芳入行戏曲，闯出一番天地，名气如日中天，追捧者无数。时有聚会师徒同场，见齐白石俭朴清明、衣着平常，众人不理不睬，清冷对待，梅兰芳这时会恭敬上前，与师父说话，宾客见状，惊诧不已，再也不敢冷落这位绘画大师。

再后来，齐白石特意作画《雪中送炭图》，赠予梅兰芳道："记得前朝享太平，布衣尊贵动公卿。如今沦落长安市，幸有梅郎说姓名。"两位艺术家的友谊终生维持，历久长青，后来人多景仰。

以平视的眼光看待，以平静的心理对待，以平和的态度相待，每个人眼里的世界，少了高低、贵贱、大小、亲疏，也就少了人与人，人与物，人与天地之间的交流鸿沟。善待万物者，也善待了自己。

一念之慈，万物皆善

点滴仁爱，汇流成海，心怀慈悲，一切皆善。

古镇上有一口老井，是一户王姓人家开凿的。

老王家做布料生意，传承三代，口碑极佳，在镇上小有名气。

每逢赶集日，王家门前挤挤挨挨总是人头攒动，擦肩接踵好不热闹，生意也出奇的好。

即便是平常日，老王家凳子也没闲着，四邻都喜欢来小坐一阵。

可是，传到小王手中，热闹不再，景象凋落，生意一落千丈，纵是他百般回想，亦是不得其解。

一天，来一老者，往小王家老井中张望，搜寻左右后，长叹道："丢了，都丢了，焉能不败！"

且听这话，小王急了，质问老者："你说谁败呢？"

"井水。"老者洪亮道。

"井水不是好好的，能吃能用吗？"小王心中暗道。

"败了！"老者干脆再道。欲离去。

小王气急了，拦下老者问："何来败，何来丢？"

见状，老者摇头，深叹道："水桶丢了，老王家的水桶真丢了！"

"怎么会丢，水桶就在后屋呢！"小王不甘地说，"放在水井上，晴天都来打水喝，下雨天都来冲雨鞋，人来人往真是烦透人！"

"现在清清静静的，不是很好吗？"老者反问。

"可是"，小王忽然想到了什么，"可是来买布料的人也特别少了。"

一口老井，方便了自己，给予了他人。

一口老井，方便了他人，成全了自己。

老王深谙老井的秉性和风格：澄澈、无私、大度、给予，不满中总有长流不息的圆圆满满。

而小王摒弃家风，反其道而行之，焉有不败之理。

还好，老王的挚友（老者）赶来一语惊醒梦中人。

小王顿悟，为时不晚。

《诗经》中说："投我以木桃，报之以琼瑶。"你赠我水果，我以琼瑶还报你，小小善举温暖，心怀感恩浪漫，古人笔下，好事做得唯美动人，生命平添情趣美好。

"勿以善小而不为，勿以恶小而为之。"《三国志》中刘备说得好，善事无大小，慈悲无界限，一念之间，万物皆善。

许是报以一记温暖眼神，拾起一片果皮纸屑，让座一位老人妇孺，扶起一把椅子扫帚，点滴善念，汇聚成海，融入生活的洪流中，溢满心田。

网上热传过一张照片，背景是一个湿漉漉的雨天，一对父子走在街道上，只有一把伞的情形下，父亲暴露雨中，浑身湿透，小孩寄身伞下，轻快前行，父亲对儿子的关怀备至瞬间让人温暖四溢，感动者无数。

也有人担忧，大人呵护有余，会惯坏孩子，应该像另一张图片上的父亲和女孩，父亲打伞照顾自己，女孩应该淋在雨里，感受自然的洗礼和磨砺。"伞下"文化，南辕北辙的差异性，使人惊异，也令人深思。但是，父亲对子女的关爱初衷，从来都是一致的。

以爱的名义，付出和给予亲情、爱情、友情的温暖和力量，何尝不是慈悲善举呢。

有人说，只有懂得爱自己的人，珍惜自己的人，才会爱大千世界的林林总总。

看过一张图片，也是一个伞下的故事。一座古老的桥上，蹲着一位"卑躬屈膝"的男人，男人一直举着一把雨伞，雨伞的下面，一只小狗伸着舌头注视着打伞的男人全身裸露在雨水里，而远处粼光四溢，闪烁中开出两朵影子来。世界静谧，场面感人，慈悲情怀，一念之间。

我在孩童时读过《伊索寓言》，记得有一个风和太阳争论谁强壮的故事，而今想起，仍受教益。

风说自己最强大，可以不费吹灰之力脱掉一位老人的外套。于是，它铆足劲，用尽力朝老人呼啸而去，然而，每当接触老人外套，衣服反而更紧地裹起来，反复多次，风急得一点办法也没有。这时，太阳轻轻走下来，和煦温柔地俯在老人身上，不一会儿，额头冒汗的老人便将衣服脱下来。

"温暖给予，友善对待。"太阳说，"这远比狂暴和激烈更为有力量、强壮。"

拥有一颗慈悲心，保持一份善良意，爱没有大小，也没有高低，更没有贵贱之分。

记得有一个慈善故事，是这样讲述这个道理的。

说是一场慈善晚宴上，一干慈善人士相聚，气氛热烈，浓情满满，大家对捐助善款一千万元的A先生充满了尊敬，纷纷举杯敬意，众星捧月中，唯有L女士静坐一隅，不在敬酒行列，A先生心想："L女士这么淡然，难不成比我捐赠还多？"

于是迎上去敬酒L女士，众人跟风也上前。一时间，L成为席上的"香饽饽"，大家好奇地问："L女士，您捐赠肯定不少于一千万元吧？"

"我捐赠了全部存款。"L女士答道。

没等L女士说完，席上有人惊呼："L女士真是慈善家啊，全部存款那不是几千万几个亿了。"

"一万元。"L女士补充道。

话音一落，哗然一片，有人投来鄙夷目光，有人窃笑私语，有人一脸不屑转而再找A先生攀谈，场面戏剧化地风向转变。

此时，A先生站起来，向着L女士恭敬道："一千万元，于我是一笔小数目，一万元，则是您全部积蓄，论慈善公益心，我比您差得太远了。"

A先生感叹之余，充满了对L女士的崇敬之情。

"善心不分大小，A先生。"L女士说道，"所有爱汇流成河，才能福泽沧海桑田。"

话音刚落，席间掌声雷动。

爱是细水长流，善是涓涓浪朵，源泉涌起，涟漪不断，可及世界每一个角落、每一次尽头、每一处干涸。一念之慈，万物皆善。

拾起垃圾，有时比捐赠财物更有情

勿以善小而不为，小情大爱，人人皆可为。

麦子和铃铛是一对玩伴，从小是邻居，又是幼儿园同桌，两个人同出同进，十分要好。

不过，细心的园长发现，最近两个孩子都是各玩各的，遇事各不相让，友谊小船翻得莫名其妙，且不见好转，园长决定多加观察，求解谜底，让他们冰释前嫌，尽快欢喜一起。

这两日园长注意到，麦子放学时，总喜欢绕着操场转一圈，时而弯腰、起身，起身、弯腰，而后蹦蹦跳跳跑向垃圾桶，如此反复到麦子母亲来接她。

接连几日，操场情景反复。

而铃铛也是快乐着，近日学校组织的一次图书捐赠活动中，铃铛捐赠的书籍又多又新，着实受到了老师表扬，把铃铛乐得小脑袋昂起来。

两孩子不是各自玩得也很好吗？

园长犹豫要不要马上撮合她们，不过，介于麦子特立独行的做法，出于安全考虑的园长觉得要弄清楚。

趁着等麦子的空当，园长向麦子母亲寻求答案，短暂几分钟的交流，园长豁然开朗，感怀十分。

原来，麦子操场拾捡的是垃圾，看见了的够得着的地方，麦子都坚持着拾捡垃圾，扔进垃圾桶，只因那一年奶奶因一块西瓜皮摔倒住院，妈妈对她说："麦子，这块西瓜皮如果被捡起来，奶奶就不会摔倒生病了。"

此后，麦子喜欢上了拾捡西瓜皮，各种各样的垃圾，她不想自己的奶奶再摔倒。

而这次捐赠图书活动，麦子只送出了自己看过的旧书，铃铛觉得麦子小气，一点没有爱心，两人怄气着。

麦子母亲的话，暖到园长心窝子里去。

麦子母亲还说："麦子捐书时对她说，这些旧书很好看，更多的人看到才好呢！"

旧书上的故事时时新，麦子拾起的垃圾，日日闪烁澄净的光亮。

有人说，生活中最难做的是小事，最难坚持的是一直做下去。

还有人说，让我捐赠一次财物，倒不如每天捡拾一次垃圾更有意义。其实，爱心不分形式，也没有大小，点滴汇流成海，泽润万物苍生，善心美德，随处遂见小事小人物的大爱之情。

从环卫所退休后，昆叔好一阵子失落，平时早起晚睡，生活有规律，工作有节奏的大好时光不复返。

走在街道上的昆叔，看见干干净净的路面和整整齐齐的花园，他是又欢喜又烦恼，喜的是城市清洁依然如故，恼的是本属于他功劳簿上的活儿，他人代而取之。昆叔在家再也待不住。

先是拎着小桶，拿着刷子频繁地出现在小区各处旮旯，有人问，昆叔，这是干吗去？

昆叔笑而不语，摆摆手走过去。直到有一天昆叔从家里搬出梯子来，保安警觉了，心想："这老人要干吗，经常小区转悠，还拿工具作甚？"

疑惑中尾随而去，想弄清楚目的何在，有企图吗？但当保安跟上去目睹到眼前一幕时，敬意油然而生，眼眶氤氲一片。

原来，这位搬着重重梯子在院中四处走动的老人，只是想用梯子清理楼道高处的"牛皮癣"小广告。保安看见他从这一栋楼到另一栋楼，从低处到高处，从纸屑到斑迹，昆叔所到之处，困扰居民的"牛皮癣"一扫而光，墙壁上清洁整齐。就像昆叔四十年如一日打扫的街道，垃圾无处可藏。

后来，将所住小区清理干净后，昆叔又把目光和行动瞄准了隔壁小区，将牛皮癣清理行动发展到了隔壁小区，接着又是下一个小区。

有人问昆叔："忙碌一辈子，歇歇多好，又不是你的事。"

昆叔笑笑，不说话，理所当然的样子。

这是一则新闻里的"昆叔"，与我认识的一位牟大叔如出一辙，他们都是城市中普普通通的清道夫，风霜雪雨里"搏垃圾"，勤勤恳恳服务他人，默默一生无怨无悔。

牟大叔退休前也是一位环卫工人，退休后，总是不习惯成天"无所事事"的感觉，于是主动向单位请缨参与城市卫生清扫，还将妻子也动员起来，两人投身到为社会发挥余热，为市民公益服务的事情中去，已经坚持了三年了。

我将这两个故事讲出来发到博客中，有人留言道："拾起纸屑和捐赠财物，都有善事好事，做得长长久久才好。"

是啊，举手之劳容易，难的是一辈子如这般坚持。

生命中，稍作留意，便会遇见这样的人。

前些日子，凤凰湖游玩时遇到了一位年长的垃圾捡拾者，早晚围着湖岸捡拾垃圾，白天摇着小船在湖面清理漂浮物，本以为这是景区清洁员，一攀谈才得知，老人只是附近居民。

眼见开发后的凤凰湖水由清转绿变墨，水质愈来愈糟糕，真是心疼又着急，于是做了凤凰湖的保洁员，清除各种垃圾，已然坚持十余年。

这让我想起二十年前的凤凰湖，倚山而靠，山上引泉，泉水叮咚而下，汇聚成涓涓细密的湖面，清静幽然，凉爽迷人，泉水过处葱茏一片绿。那时路况不好，绝佳风景"养在深闺无人识"，唯有驴友结伴而去，就此机缘巧合下见到了凤凰湖的高山流水和绿茵如织，那真是天澄水净，无限风光一湖水。

待凤凰湖开发后欣然前往，热闹的景区人流穿梭，叫卖吆喝声声而来，已然少了山的沉静，水的静谧，还有不时出现在视野里的垃圾，将久违的思慕之情一扫而光，徒留轻叹一串，以前这可是一方好山好水啊！

五一节随友前去，凤凰湖畔多了一道风景，戴着"志愿者"红袖，手拿铁夹的身影散落各处，就像之前遇到的老者般，捡拾着零零碎碎的垃圾物，专注的神情，美丽、洁净，让人深深敬佩和感动。

事不在小，有心则行；爱不多言，会意则好。生活中，像捡拾垃圾这般的小事，你我也可以心到手到眼到，随时随地随遇去做，一如既往，人间自然会少不少垃圾，多更多绿色，变得更加让人惬意。

热爱多一些，世界宽一点

热爱生活，热爱生命，热爱人生，热爱一切纯真的、朴素的、美好的信仰，世界便会春暖花开。

森林家族的人一提起孙猴子，都会皱皱眉，叹叹气，心道千万别招惹了这泼皮，冷不丁又来捉弄你，使人洋相百出。

譬如它会在夜里百般无聊的时候引来萤火虫，鼓动大家一起来玩，说寂寞太久了会生病。

在月光如水万籁寂静的时候，偷偷带着一帮孩子去湖心捞月，说这是探秘大自然的奥妙。

在酷暑难当的中午吆喝街坊四邻去掰苞谷，自己却掰一个丢一只，美其名曰：我这是耍魔术为大家解乏呢。

见老人，孙猴子直往人怀里钻，一脸贴上去的热情。见大人，孙猴子立马上前蹭蹭，机灵得有点"谄媚"样。见小孩，孙猴子最是欢喜鼓舞，急忙从小布包里翻出五花八门的玩意儿，耍耍乐子逗得他们哈哈大笑。

孙猴子喜乐、好动，见人爱人，森林家族好静、闲逸，见他怕他。但孩子们特别崇拜这位猴子叔叔，说它懂的会的可多了，争先恐后常去请教一二，家长们害怕孙猴子带坏自己的孩子，将门扉紧闭起来。慢慢地，森林中少了往日的欢笑场面和温馨气氛。

说起来，孙猴子只是这里的外来客，三年前有人在路旁救下奄奄一息的它，而后孙猴子见森林花园里风光宜人，民风淳朴，便留了下来，再也没有离开过。

此情此景下，自诩乐观的孙猴子也不知道何去何从了。它是喜欢这里，喜欢这种大家庭式的包容和温暖，喜欢每个人天然去雕饰的朴素天真。但是，没人知道它的过去，明白现在的它，也无法感知未来的它。

孙猴子困惑于目前的处境，思虑几日后，它决定离开这里，到外面再看看去。临行前，它邀请森林家族的朋友们到家里来做客，说是要答谢大家多年来的关照和厚爱。

那是一个清凉如水的秋夜，孩子们早早来到猴子叔叔家，桌上零食应有尽有，糖果、糕点、花生、栗子，大家热热闹闹吃起来。老人、大人也陆陆续续来了，这是孙猴子在森林中的最后一次聚会，没人会驳他的面子了。

众人落座，左顾右盼中却不见主人，正在疑惑中，看见眼前一块不显眼的幕布正缓缓打开，一个戴着面具的魔术师正向大家走来。

"是猴子叔叔吗？"孩子们惊呼起来。

"是它，是它。"老人们笑着说，"你看那俏皮劲，就是孙猴子了。"

"原来孙猴子还有这本事啊。"大人们开始窃窃私语，评头品足起来。

台上的孙猴子，满腔热情地表演，台下的众人，满脸崇拜地观看。这些喜闻乐见的魔术节目灵感，就源自于森林家族一起嬉戏的某个瞬间，大家这才恍然明白，平时性格不羁的孙猴子，原本为大家制造了这么多的欢乐和故事。

"猴子叔叔不准走！"孩子们鼓动起来。

"就是，不能走了。"众人附和着。

一个热爱生活的人，一个善待日子的人，世界都会为他搭建一条彩虹路。

后来，孙猴子有了自己的魔术团，森林家族的孩子随时随地可以去魔术团玩耍、学习。

泰戈尔说过，"我们在热爱世界时，便生活在这世界上"。

因为热爱，流水多情，山花烂漫，秋叶蹁跹。因为热爱，奋不顾身，飞蛾扑火，粉身碎骨。因为热爱，丰富多彩，靓丽新鲜，五彩斑斓。热爱是生活的姿态，是生命的容颜。年华轻薄，少年轻狂，热爱才会如春之花般盛开，如秋之叶般绚烂。

朋友圈最近一股春风拂面，文艺之风盛行。前阵子，歌手李健和相声演员岳云鹏跨界合作的歌曲《女儿情》，惊艳于《歌手》舞台的热点话题，似乎还意犹未尽，"音乐诗人"李健与"文艺诗人"冯唐火花碰撞的新歌《春风十里不如你》已然迅猛来袭：

> 梨花开　雁归来　可是你　却不在
>
> 紧抱双臂像守护一个秘密……
>
> 春天已经在这里　不知如何形容你
>
> 春风十里不如你　春风十里不如你。

这首一上线就红透半边天的歌曲，曲调舒缓，意境空灵，在歌者如泣如诉的娓娓道来中，仿佛要挣脱光阴的束缚，剥落时光的墙垣，将岁月深处沉寂已久的如烟往事，化作流水落花一衣带水而来，些许不安，些许雀跃，些许欣喜，蓦然心动，情难自已。

李健如诗如画、如泣如诉演绎一首《春风十里不如你》，直摄人心扉，撼动人灵魂。与冯唐小说《北京，北京》改编而成的电视剧《春风十里，不如你》，无论是语境、意境，还是情境、韵境，都气息相通、生息相连。两人作品上的同气连枝，正好诠释了心性相投和意趣相吸的美好境界。

"音乐诗人"李健和"文艺诗人"冯唐，像是初夏路口微微吹拂的两股清流之风，清凉如玉，甘冽似泉，流淌在文艺青年们的心田上，惹来话题纷纷，使人浮想联翩。

同为理工男，他们是如何走上文艺道路的呢？

因为热爱，清华学子李健与同校师兄卢庚戌2001年组建了歌唱组合水木年华，同年推出名为《一生有你》的音乐专辑。主打歌《一生有你》曲调舒缓，如轻轻细语，娓娓叮咛，如泣如诉拨动岁月情怀：

> 多少人曾在你生命中来了又还
>
> 可知一生有你我都陪在你身边
>
> 当所有一切都已看平淡
>
> 是否有一种坚持还留在心间

因为《一生有你》，水木年华组合以清新朴素、简洁动人的民谣风，深受年轻学生喜欢，红遍校园内外，《一生有你》也唱红了大江南北。李健也有了不少粉丝，备受人追捧，也获得演艺市场的认可，商演接踵而来，事业看起来水起风生，只需顺应而为，他和卢庚戌两个人的演艺前景将无可限量。

然而，终归是事与愿违。

当《我是歌手》中胡彦斌直接"拷问"李健："你当初为何跟卢庚戌'分手'？"

这句久违的问号，一时间勾起众人的怀想。最后，迟疑的李健用了四个字作答："一言难尽。"

我想，因为热爱，所以选择。因为热爱，所以离开。

音乐面前，每个人都像一个小孩，执着初心。都是热爱音乐的孩子，都是为梦执着的人儿，你有你的音乐初衷，我有我的作品气质，当不尽相同的音乐理念碰撞产生"厮杀"时，一方选择退出，或是温柔的妥协，最好的成全。

李健离开后，水木年华依旧风生水起。李健独立后，名字像是黄沙埋尽"绿洲"，愈发荒芜、沉寂。而立之年，韶华正好，光阴正茂，但在2010年王菲在春节联欢晚会中将《传奇》唱响之前，整整八年，当初如日中天的李健似乎都被时光"雪藏"了，很难再现当年盛况空前的人气。

一曲《传奇》，让作曲者李健无意中再续"传奇"，这位有着诗人气质的音乐才子，"只是因为在人群中多看了你一眼，再也没能忘掉你容颜。"他的优雅，他的清新，他的幽默，他的才情，他的睿智，在公众面前被一点点挖掘出来。提及"音乐诗人"，大家会异口同声道："李健。"

热爱是孤独的，热爱亦是隐忍的，热爱可以将生命化为绿色的清鲜，可以将理想化作优美的诗意，可以将生活化成芬芳的妍丽。

因对音乐的热爱，李健坚守本心，不忘初心，方得始终。

有人说："冯唐有颗李健的心，李健有着冯唐的情。"大意是两个相似的灵魂，才会不知不觉地靠近，隔空对话，隔屏亦是一种懂得的相视而笑吧。

冯唐也是理工男，协和医科大学妇科肿瘤专业毕业，作为医学博士的他还去美国深造了工商管理硕士，说起来，他的人生应该是在医院为众多妇女看病、手术中，或者去某公司做一名企业管理者，下了商海搏激流。然而，冯唐却选择了文学创作作为事业重心，尽管也曾任职几家企业高管，但是，像文艺青年那般热爱写作的动力有增无减。当小说《北京，北京》改编的电视剧即将搬上银幕时，他立即邀约了文艺气质的歌手李健打造主题曲，这便有了《春风十里不如你》的美好旋律。

诗、音乐、文学，美好如斯的想象，让生活充满了热情与蓬勃。诗人汪国真《热爱生命》中说：

我不去想是否能够成功

既然选择了远方

便只顾风雨兼程

我不去想能否赢得爱情

既然钟情于玫瑰

就勇敢地吐露真诚

我不去想身后会不会袭来寒风冷雨

既然目标是地平线

留给世界的只能是背影

我不去想未来是平坦还是泥泞

只要热爱生命

一切，都在意料之中

"只要热爱生命，一切，都在意料之中。"这就是生活的真谛，简单而平凡，朝气且阳光。

别说秋风无情，那是最温暖的遇见

生命中所有的失去，都会以最温暖的遇见收获真情永远。

山谷里有一棵松树，百岁高龄了，因常年青翠欲滴，森然屹立，山谷居民都爱称它为"大叔"。

"大叔"热情，遇到小虫、小鸟、小动物来玩，它都会张开怀抱，任由大家吃喝栖息。

"大叔"体贴，每有骄阳、暴雨、大风，它都会护佑身边的小草、小花、小蘑菇，不受伤害。

美誉远播的"大叔"，经常会迎来一些新朋友成为邻居，蒲公英就是其中一位。

春天的时候，阳光明媚，风儿和煦，躺在"大叔"的臂弯里，蒲公英觉得天高地阔，万物生长，美好莫过如此。夏天到来，骄阳似火，山风燥热，"大叔"将自己散成一柄大伞，为蒲公英遮阳蔽日，消暑防蚊。有"大叔"真是太完美了，蒲公英很是享受这种被宠爱的感觉。

转眼入秋，天气渐凉，秋风徐来，蒲公英依偎在"大叔"的怀抱里，看远山渐红，数瓜熟蒂落，闻漫山菊香，它的世界里天高云淡，天地和睦，一切都那么温暖而惬意。

入夜，一场秋雨迅疾而来，大风乍起，气温骤降，打在"大叔"的帽檐上呼呼作响，雨水穿过"大叔"的身体落在蒲公英心上，冰凉凉的一阵凄寒，让人不寒而栗。

蒲公英想："有'大叔'在，不怕！"

可是，风愈刮愈大，雨愈下愈密，几天几夜不停歇，"大叔"伸出的双臂，早已挡不住狂风暴雨，"大叔"的身体，一点点侵蚀到蒲公英的心里，揉碎了曾经温暖旖旎的梦。

"都是秋风无情。"蒲公英的声音摇摇欲坠中散落到了天涯。

第二年春天，"大叔"家又如往常般热闹非凡，一株美丽动人的蒲公英如约而至。

"大叔"道："嗨！好久不见。"

蒲公英打开裙摆，迎着风笑得灿烂张扬。

谁说秋风无情呢，那是你最温暖的遇见，只为成全未来的每一天。

励志的话语千万多，谦说："没有经风雨，哪能见彩虹。但是……"

未等我问出那句"但是什么"，他轻轻补充道："当你看到彩虹后，才发现那个风雨共度人，无情离开你数十年，温暖却无时无刻不在身边。"

认识谦，缘于几位朋友相继提到了他，虽素未谋面，形象早已入木三分刻印在心中了，因为他们眼里、嘴中的谦，与众不同，让人瞬间牢记。

第一印象，他是励志谦。寒门出学子，风雨几多舛。

在谦八岁，姐姐虹十岁那年，原本幸福快乐的一个小家庭，因父亲意外去世而瞬间崩塌。目睹丈夫的不幸离去，看看惊恐无助的一双儿女，谦的母亲心都碎了，但日子得继续，生活还得过，拾捡起支离破碎，这位平凡的母亲带着年幼的孩子，开始了一段新的人生旅程。

小小年纪，遭遇生命创痛的谦，做了母亲的小帮手，姐姐的好伙伴，农活抢着干，学习很优异，慢慢地，生活的阴霾被未来的光亮一点点驱散。谦和虹约定，一定要到外面的世界去看看，带上母亲，带上梦，去寻找更多更暖的生命遇见。

因为有爱，因为有你，一切变得有意义。

姐弟俩不负心愿，20世纪90年代中期的时候，接连考上了当地的中等师范学校，迤逦的梦和美好的景，向他们频频招手，一切尽在眼前了。

这看似圆满丰美结果的背后，细心的姐姐和敏锐的母亲发现，其实谦的心里有着深深的遗憾，以他在全区名列前茅的成绩，很有机会考上更好的学府，到更高的殿堂，寻更好的未来。懂事的谦知道，这样的选择，无疑是让这个家庭雪上加霜，母亲单薄的臂弯，已经无法有更多的承重。

心神不定的谦还有选择的机会，因为重点高中抛来绣球，免费就读三年还有补助奖励。此时，姐弟俩全然不知一场更大的噩耗悄然来袭，他们唯一可依靠的母亲病倒了。那个一生辛劳，无怨无悔将孩子拉扯成人成才的母亲，恋恋不舍地倒在了幸福来敲门的瞬间，她是遗憾的，焦急的，是心有牵挂的，她是在担心孩子们没有收入，该如何念完中专啊。

如果有种爱可以照亮来生，点亮未来，那便是天下父母心了。

张爱玲说："长的是磨难，短的是人生。"生命无常，世事苍凉，即便如此，那又如何呢？圆缺让我们珍惜拥有，多少让我们明白得失，好坏让我们懂得取舍，生命中所有的丰美，都来自双手的创造。

中专三年，姐姐虹帮助老师做家务赚到了学费，弟弟假期中帮着学校守宿舍赚到了学费，他们年年"三好"，以科科优异的成绩拿到了奖学金，生活费也有了着落，在困境中顺利完成学业。

我认识谦的时候，他已在而立之年，是一名省级机关的中层干部，一位出类拔萃的青年才俊，干净透彻，俊朗秀逸。在他身上我看到光彩闪烁，那是一种生命沉寂后勃发的悠然之姿、泰然之色，谦谦君子，世上无双。

心有远方，梦系初心。中师毕业后的谦回到了养育他的家乡，和姐姐虹一道做了乡村教师，努力培养孩子们健康成长。在这片既"无情"又温暖的土地，姐弟俩经历过磨难，哭过，笑过。

磨难是人世间最好的礼物，经得起多少承重，才担得起多少荣誉。

第二印象中，他还是励志谦。从一名乡村教师考调到了县城小学工作，接着考上了公务员，优秀的谦没有因为梦想的逐浪拔高而松散懈怠，也没有半分停靠休憩，正当上级单位想调任他时，更好的消息如约而至，省级单位公务员的录取通知书摆在了他面前，寒门出身的谦，以努力和行动再次成就了自己，成就了生命中最温暖的每次遇见。

尽管，他失去了双亲的庇护，经历了风雨的洗礼，遭遇了生活的无情，归来后他仍是少年，赤子之心驻守心田，泽润着生命之光。

这就是谦的励志人生。

尽管生活多舛，命运不公，他也没有怨天尤人，没有消极堕落自我放弃。他用平凡浇灌成鲜妍绚丽，把简单养护成苍翠欲滴，让更多赶路的人，看到不忘初心、不忘本真的美好归宿。我们从他的身上看到这世间千丝万缕的情与爱编织出的美丽花环。

再无情的伤，都敌不过真情的用心浇灌，将坚硬的壁垒打开，时光中便会生出翕动的翅膀，随光阴慢慢流淌、绽放。

第五辑

静下来，一切皆有可能

女孩惭愧地低下头，有风窜上来，顿觉脚下晴朗，一颗心透亮起来。

原来，所谓的高处，向往的愿景，就在每一步行进中，随方就圆，澄亮即好，快乐就行。

生命里总有些缓行值得等待

快是前进，慢是前行。或急或缓，或行或守，心有挂牵的人生旅途中一路招展爱的风帆。

乌龟与兔子参加了两届森林运动会的长跑对抗赛。第一届兔子以绝对的优势完胜乌龟，第二届乌龟以兔子骄傲贻误战机险胜兔子，两人虽实力悬殊，战绩却旗鼓相当。

在第三届运动会鸣锣旗鼓开战之际，两个人都卯足了劲，想成为名副其实的长跑之王。

一个为了夺回金牌备战三月，精神抖擞欲雪前耻。一个为了捍卫荣耀训练了整一年，努力奋斗想再续传奇。

哨子鸣响，战役打响啦！兔子一个箭步冲出去，片刻就消失在众人视线中，乌龟从起跑线上爬出去，一步一个脚印稳步前行。到底谁会笑到最后？终点已经围得水泄不通，"吃瓜群众"七嘴八舌议论纷纷。

就在众人的猜测声中，信鸽从赛场传来战况：一路领先的兔子被大河拦住，绞尽脑汁欲寻找渡河之计。大幅落后的乌龟正加速追赶，拼尽全力想要扭转战局。这一停一跑，距离一点点在接近！

"难道是传说中的逆袭？"有人侃道。

当然，走水路乃是乌龟的看家本领。兔子跑得再快，遇到湍急的河水也是一筹莫展。

赛场风云骤变，抵达渡口的乌龟淡定自若，滞留在堤坝的兔子莫可奈何。乌龟若有思索地望一眼兔子，然后转身一跃，留与兔子一个潇洒的背影。

与河边的清冷相反，此刻的终点炸开了锅，"因人设场地"的质疑声一浪高过一浪，但裁判镇定自若，对意见充耳不闻。

有"吃瓜群众"嚷嚷着离场，兔子粉丝坚决想讨回公道，面带笑容的都是乌龟的啦啦队，场面气氛很是紧张。正当大家觉得结果"尘埃落定"的时候，剧情再次反转，前方播报说：游到半途的乌龟折返，载着兔子一起过了河。然而，兔子半分谢意没有就跑远了。

"忘恩负义！嘘。"有人替乌龟不值得道。

结果显而易见，又有"吃瓜群众"迅速离场。只留下兔子和乌龟的粉丝继续较着劲。

"不好啦！兔子在大树下睡着呢！"信鸽的声音老远传来。"重蹈覆辙"一词豁然醒目在众人面前，结果再次扑朔迷离。

当所有人都陷入猜测中的时候，兔子大踏步向终点走过来，兔子粉丝们"哈哈"相拥而笑。

"看！兔子旁边是谁？"有人惊呼道："是乌龟，乌龟，加油。"

一时间"加油"的声音汇聚成海，淹没了裁判的哨声。两块金灿灿的奖牌早已准备好，一切都在组委会的"算计"中。

而乌龟的感言揭晓了所有的秘密："其实过河后，我心凉了，空落落，只想走完全程，直到遇到深沟，绝望真正袭来，挫败感不言而喻，但最终我过来啦！"乌龟激动地拉起兔子的手道："纵身一跃，我们飞过沟壑！"

雷鸣般的掌声在终点上经久不息。

"大树下小憩，等待的滋味原来那么美妙而快乐！"兔子心中的愉悦感陡然而生。

现实中，你是兔子或遇到过这只兔子吗？

一个人无论跑得多快，总会遇到阻碍，河流、沟壑、险滩、山峦……都会横隔出现在面前。

一个人不管走得多慢，也会不会无路可走，渡口、小桥、舟楫、绳梯……总有能帮助你前进的出现。

快与慢，急与缓，羁旅人生不过一场彼此起伏、高低深浅的生命体验罢了。

莫道快，快有快的烦恼。张爱玲说："出名要趁早呀，来得太晚，快乐也不那么痛快。"这句话原本是张爱玲对破碎家庭和拮据生活，带来压力的应景感叹，有着鲜明的时代背景和特殊的个人原因，本不具备任何崇拜意义和模仿价值，却被当下一些"知其然不知其所以然"的年轻人，奉为追求理想的"座右铭"，过早地放弃学习机会和知识积累。

北宋文学家王安石在《伤仲永》一文中讲述了，有一位名为方仲永的孩子因早慧有才闻名乡里，然其才情却被父亲当成了炫耀的资本和赚钱的工具，因此耽误学业，学识停滞不前，最终沦为与平常人无二般的普通人。由此说明，尽早出名未见得是什么好事，反而容易滋长"恃才而骄"的优越感，滋生"拔苗助长"的功利心，导致天才慧根早早被断送掉。

"出名要趁早呀！"说多了终是使人厌倦，演变成为当下人过早追名逐利的借口而已。

如是真能成名，年龄岂是问题，五十岁可，六十岁也行，七十岁、八十岁亦是机会大好，甚至百岁高龄也能一炮走红呢。

美国有一位被尊称为"摩西奶奶"的民间艺术家，七十七岁时因关节炎放弃劳作，以作画消遣时光。日复一日的专心绘画给她带来了安宁、祥和的恬淡生活，于是创作灵感被源源不断地激发出来，以乡村田野风光为背景，儿时的一景一物一情一人栩栩如生雀跃于指尖，往日情景和童年意趣历历在目，一点一滴渗透在赤橙青蓝紫的五彩世界里，绚烂成最美丽最动人的生命画卷。

童年如一帧帧美好的留影，付诸摩西奶奶的笔下，让家人引以为豪，将作品送去当地画廊参展，并悬挂在镇上的杂货铺橱窗里任人欣赏，被无意中路过的艺术收藏家发现，惊讶其绘画的价值潜力，带回纽约的画廊展览时被热捧，从此摩西奶奶声名鹊起。八十岁时，摩西奶奶在纽约举办了个人画展，轰动一时，所作绘画大受欢迎，成为风靡欧美的热门艺术收藏品。

能在近八十岁的高龄梦想作画，并坚持创作二十年，一百零一岁的摩西奶奶留与世界最珍贵的一千六百幅绘画艺术品，璀璨而光芒。谁说出名得趁早呢？

摩西奶奶说："做你喜欢做的事，上帝会高兴地帮你打开成功之门，哪怕你现在已经八十岁了。"这句话最终打开了一位为名春水上行的日本青年的纠结心扉，他在三十岁的时候放弃优渥的工作选择了写作生涯，这位青年就是后来成为世界著名作家的渡边淳一。

看来成名未必要分早晚，人生旅途中那些缓缓而行的逶迤曲折，反倒是有着值得期许的等待，让人执着坚持。这样的例子在中国历史上数不胜数。

世人皆知的"姜太公钓鱼，愿者上钩"的主人公姜尚，在七十二岁时才被拜相，后辅佐周文王成就大业。七十二岁一贫如洗、身弱多病的吴承恩励志续写《西游记》（五十岁开篇后停笔），十年如一日，十年磨一剑，终是在八十二岁临终前完成这部巨著，完美收梢一生！像这样大器晚成的人物，还有三国大将黄忠、北宋文学家苏洵、当代画家齐白石等、灿若星辰，比比皆是。

圣人孔子说："三十而立，四十而不惑，五十而知天命。"在该精神抖擞的年纪，决不能萎靡不振。在该明白生活的年纪，别一脸迷茫无助。在该懂得人生的年纪，千万要护卫初心。

所以，处在人生旅途中的你，赶路请不要忘记一路风景一路歌，快乐地去迎接前方的美妙。

吴越王钱镠修书夫人戴氏王妃道："陌上花开，可缓缓归矣。"这情话真是羡煞天下有情人。你来或不来，想或不想，相思的花蕊在缓缓开放，散发着淡淡芳香。

生命里总有些缓行值得等待，可以让你慢慢地观景养心，途经盛放。

站在最高处

"没有比脚更长的路，没有比人更高的山。"一路前行，一直攀爬，"山至高处人为峰，海到尽头天是岸"。

师父问小徒弟："清泉寺高吗？"

"师父何意？"小徒弟心道，"清泉寺在塔山半山腰，寺前俯瞰众山，肯定高啊！"

于是答道："师父，很高呢。"

"高吗？"师父似乎反问自己，"那我高吗？"

"这问题。有点……"徒儿捂嘴笑，"师父是高僧，当然高啦！"

"有没有塔山高？"师父追着问题不放。

这可为难小和尚了，纠结地想："说塔山高，师父会不会不悦，说师父高，明明塔山高耸入云呢。"

"徒儿替为师山上一探可好，最高处便可知了。"师父征询小徒弟想法。

塔山岩陡石峭，苍树环抱，飞禽走兽，海拔非常高，极少人登顶，小徒弟一直想一探究竟，师父正好给了这个机会，心生欢喜，雀跃着就出寺门了。

一个时辰后，山顶隐隐约约在头顶上，小徒弟大喜道："这山没有传说的那么高啊！"

于是加快步伐向上攀登，快要到达山顶时，小徒弟往后一瞧，怎么他的对面还有一座更高的山峰？

"师父让自己找最高处，怎么办？"小徒弟思量着，"找不到最高山峰，绝不回去。"

小徒弟下定决心，从这座山下去，再勇攀另一座更高峰，他要替师父站在最高处。

当小徒弟千辛万苦登上这座山峰时，抬眼一望，对面矗立着一座更巍峨高耸的大山。小和尚瞬间有种想哭的感觉，师父说的最高处在那儿啊？

小徒弟已精疲力竭，只好坐下来稍息片刻。

此时轻风荡漾，白云缓缓如羊群，天空湛蓝为一色，伸手可触般，小徒弟伸出双臂，感觉自己比山峰还高。

"对，我是山峰！"小和尚豁然开朗。

云水不间断，我自为山峰，何必他处寻呢！

由此想起了成群结队的旅人向往青藏高原，向着布达拉宫朝圣的情境。他们一路追高原景色、揽雪域风光、寻异域风情而来。看多情的经幡、哈达在高原上飘荡，望清澄的草甸、海子在峰谷间寂静安详，他们循着牦牛和羚羊奔跑的方向，追逐秃鹫飞过高高的隘口，看一片片苍蓝从洁白中流泻下来，旅人的心中，只觉前方圣洁一片。

亦是朝圣，通往布达拉宫公路沿线上，千百年来络绎不绝延绵千里的一群朝圣者，他们像一道漂移的高原风景线，随着更高处的方向亦步亦趋漫漫向前。双手合十，举过头顶，仰望蓝天，念念有词，他们三步一叩首，十步一跪拜。即便病倒在路上，困守在途中，甚至付出生命的代价也在所不惜，他们顶霜冒雪、栉风沐雨、风餐露宿，历经一两月或是一两年，没有人会半途而废或畏惧退缩。无论是独行还是结伴或成群，每个朝圣者的一颗朝圣心，都要比山高比云洁比路长。

对旅人来说，雪域高原是一处心灵栖所，来过了，一生怀念。对于朝圣者来说，布达拉宫是灵魂之地，在与不在，信仰就都在那里。每个人心中，都有一处高地，不用攀，不用守，不用问，随时随地它都在。

小女孩和父亲一同爬山，约定谁先站在最高峰的那块大石上，谁就可以向大山许一个愿。

两人击掌，各自出发。

女孩沿前山公路蜿蜒向前，说沿途热热闹闹，有车有人有风景，煞是好看。父亲走后山小径迂回而上，女孩笑语父亲："空山不见人，但闻人语响。"十足的隐士情怀。

这座山海拔近千米高，密林广布，芳草丛生，沿着小路往上攀，可闻鸟语花香，可见涧水长流。然荒凉许久，荆棘芜杂，易羁绊行脚，小女孩不走此道，自有其道理。

前山好走，女孩顺顺当当就行程过半。歇脚高处，见父亲走在狭长的小径上，时隐时现。女孩心中一乐，心道："这不是高下已分了吗？"

心情大好的女孩放松下来，边走边玩，边观察山下"敌情"，一派悠然自得。在离最高峰两个垭口处，忽地发现父亲"失踪"了，往山下搜索再三，急道："不好！"迅疾往上跑，远远地，但见父亲坐在大石上，向她含笑挥手，一脸云淡风轻。

女孩惭愧地低下头，有风窜上来，顿觉脚下晴朗，一颗心透亮起来。

原来，所谓的高处，向往的愿景，就在每一步行进中，随方就圆，澄亮即好，快乐便行。

年少时有一对闺密A和B。

A现在是三线城市一家小区物管，B如今升职国内某知名会计师事务所总监，二十年光阴，两人生活和事业俨然有"云泥之别"。

重逢时，B问A："小时候，你说要去最远方，爬最高峰，如愿了吗？"

"布达拉宫，法国巴黎，想要去的地方都去啦！"A自豪地说，随后问B："这是我们儿时的共同梦想，你也实现了吧？"

B一愣，幽然道："出差倒是去过很多地方，西藏明年再等等安排吧。"

小时候的A和B，成绩都很优异。中考时A进了重点高中，B上了财务中专，两人虽各自天涯，然情谊如旧。特别是A高考落榜后，B从千里外赶回来陪了A一个月，足见两个人情谊深厚。后来，B进入会计公司忙碌起来，结婚生子的A为了照顾孩子上学，就近学校寻了物管工作，薪水少却乐在其中。

每年寒暑假，A便会带着孩子行走山水间，爱在路上，快乐一家人。

再后来，心有感触的A将旅途经历写成文字，配上图片发表在社交平台，不想幸运地被出版商看中，策划成一本本畅销书籍，成为一名旅游作家。然而A并没放弃物管工作，以邻居婶婶的热心，服务着周遭的居民，朴素得没人知道她文字小有成绩。

而当B向A说起自己的奋斗历程时，几度哽噎，心有难过，然最终抬起头来，满怀信心憧憬明天更好更高，她说："因为喜欢，所以我愿意！"

生活，不就这个理儿嘛！

看到自己，在别人的目光里

如果看不清自己，不妨看看众人眼中的你，一切尽在不言中。

姑娘最近很是苦恼，上班走神，下班萎靡，吃饭不开心，睡觉不踏实，工作上频频出小错。这般精神不振，经理决定约她谈谈。

姑娘心想，这下糟糕了，准是要挨批评。想到自己拿下了项目同事还说三道四，如今连经理也不理解自己，姑娘不免心中懊恼，很是委屈。

忐忑不安地走进办公室，不想素有"女魔头"之称的经理竟然泡好了茶，等待她的到来。

经理室不大，但每次姑娘走进来总是觉得舒坦、开心，因为这间办公室的墙上、桌上、柜上或挂着、摆着、放着员工们工作、生活、旅行的照片，照片中的他们看起来很开心。姑娘每次进门一眼就看到自己，朝气又阳光，特别有自豪感。

但是今天进门却忧心忡忡，姑娘想过，如果经理不懂她，立马走人，"此处不留人自有留人处"，实力在，到哪儿不受欢迎呢。

一下午只喝茶聊天，只字不提工作，姑娘觉得自己想多了。兴起时她们聊到了这些照片。

"你看那张，"经理指着最高处照片说，"他是我的经理，这里不少照片都是他留给我的。"

"以前觉得他凶巴巴不近人情，但每次我们出了错都是他担着。"经理从抽屉里拿出一张照片接着说，"这位姑娘能力很强，能拿项目，做项目，是公司人才。可是……"

经理欲言又止。

"可是什么？"姑娘好奇了。

"她喜欢大小活一肩挑，既不麻烦同事，又给同事减轻了工作负担。"经理笑着说，"她觉得这是在照顾同事，认为大家会感谢她。"

"她做完了，别人还有机会吗？"姑娘感慨道。

"是啊！一起做才能取长补短，看清对方优劣，感觉彼此需要。"经理解释说，"但姑娘觉得委屈啊，伤心之下准备离职。"

"她离开了吗？"姑娘急迫问。

"这不正好坐在你对面嘛！"经理乐道。

"你，我？"姑娘指着经理，再指向自己疑惑着。

"对！是我们曾经的自己。"经理笑着说。

姑娘恍然大悟。她在经理的目光中找到了未来的自己。

你凝望镜子，镜子里的人也在凝望着你。所以，你哭，镜中人哭，你笑，镜里人也笑。

有人说生活是一面镜子，譬如你付出了，就会有回报。往前走，便会有风景。怨怼着，净是意不平。心不甘，梦想难圆满。你给予生活什么，它照单全收，也会毫不客气回敬什么。

生活是面镜子，我们都在里面。

某公司举行了一场别开生面的招聘面试会，是在面试者完全不知情的情况下完成的，且称这次面试叫"照镜子"吧，主角有A、B、C、D四位面试者。

从每位面试者抵达公司门口，这场饶有趣味的面试就拉开了帷幕。

D提前一小时到达面试地点，焦虑和紧张的他时不时往返于座椅与洗手间。第N次，他与一位推着垃圾车的清洁工碰个正着，沉重的垃圾箱挡住了D的去路，只需上前帮忙推一把，D和清洁工便能相互顺利通过，但镜头里的D看了几眼，有些嫌弃地折回了。

C非常用功，坐在走廊椅子上，也没有浪费面试前的时间，争分夺秒默背着复习材料，在他的不远处，一位女孩对着他轻轻地抽泣，扰得C心烦意乱很想上前说一通。最终，镜头里的C选择了无奈离开，找清静处继续背诵。

B出现在楼梯口，慌慌张张只顾往上冲，因为塞车，B达到面试地点时已然接近面试抽签环节。迎面碰见有人将文件不小心撒了一地，B连说道"借光，借光"，镜头中的他一阵风似的匆匆跑过去了。

公司门口两三个人正看热闹，B往前靠上去，看见一位姑娘崴了脚踝，万分疼痛的样子，她对着B恳求道："您能送我去医院吗？"B左右环视，周围的人都散去了，姑娘在和自己说话吧？

"送你去医院，不就耽搁我面试了吗？"B心里嘀咕着。镜头里的B，假装未曾听见，加快脚步离开了。

A带着雨伞出现在公司大堂里，她准备在前台寄存后上楼，抬眼间看见公司门前有一位被淋得湿漉漉的老人正在躲雨，A见状，在前台要了一杯热水，带上自己的伞，朝着老人走去。

九点开始，考官们安排了趣味又生动的视频面试会。

　　C观看D对清洁工的漠视，B观看C对女孩伤心欲绝的不理不睬，D观看B对脚伤姑娘请求的视若无睹，只有A是看到了自己温暖送伞的视频。考官们由此提出话题，让B、C、D对C、D、B的行为作思考和阐述，让A谈谈自己这样做的理由和想法。

　　其实，看到视频B、C、D，随着情节的深入，好像看到了某个熟悉的影子，那不是自己吗？惭愧之余，都说要以此为镜，自己再不会重蹈覆辙。

　　A说，年少时，因自己视而不见路上的一块石头，没有及时捡拾起来扔进垃圾桶，让跟在身后的外婆摔跤整整住了三个月的医院。这件事让她明白了一个道理，力所能及予人方便，何尝不是方便了自己。此后，她便经常关注身边人身边事，当每次为他人伸出双手时，世界也为她敞开了怀抱。

　　面试会上，响起了热烈的掌声。

　　谁被录用，一目了然了。

　　后来，A继续用这种面试办法，为公司选拔出一批批优秀的职场新人。

　　在聒噪的现实中，在纷扰的红尘里，A总能以己为镜，照看自己的本心和真意，所以生活的镜子也会照拂他，日子明亮，生命清净。

向前一步，你可以成为最好的自己

走出去，可以看到不一样的自己，走出去，可以成为最好的自己，只需轻轻跨出一步。

渔村有两位青年才俊小海和小浆，因为出色的航海技术和捕鱼技能，深受渔民的拥戴和渔女的爱慕，提亲的队伍踏破两家门槛。小海很快与村长之女结秦晋之好，开始了幸福生活。然而小浆却不慌不忙，满目含笑拒绝了所有说媒者，慢慢地，小浆便消失在众人的热议中，默默无闻。

只有傍晚时分，有人会看到小浆坐在礁石上，时而手中比划，时而静守眺望，一副与世无争、不求上进的模样。

过了一年，小海喜得贵子，小桨只身来贺，酒席上，他突然宣布将驾船周游外面的世界。众人哗然，都觉得小桨是嫉妒小海过得比自己好，自暴自弃地选择了冒险。

因为，从渔村走出去的人，再也没有回来过。渔村与世隔绝几十年，唯有逃避现实或"失败者"才会离开。

在众人的嘘唏声里，小桨的大船起航了，这是一艘迄今为止渔村最大最好的航海船，渔民们无不惊叹小桨的造船技术，已然出神入化。

小桨此去后，渔村平静如往常，渔民下海、捕鱼、织网，小海带领着一批渔民作业，成了远近闻名的捕鱼能手，受人尊崇和敬仰。

第五个年头，幸福的小海添了三小子，满月酒当天，渔港出现了一艘巨轮，船上走下一群人，领头的男子器宇轩昂，挽着一位美丽的女子，船员抬着一箱箱物品正向众人走来，直让渔民们看得目瞪口呆，好大的船，好多的人，这是来贺喜？

不明所以的小海迎上前，正遇上男子热情拥抱上来，唤了一声："小海！"

惊异万分的小海定睛一看，这不是当年倔强去远航的小桨嘛！

人群顿时沸沸扬扬，热议着小桨的归来，打量着大船、礼物，还有小浆身边美好的女子，无不惊叹这神奇的一幕，小浆是怎么做到的？

"外面是什么，有什么，我只是想去看看。"围坐中的小浆回忆道，"那时，为了出行，不能娶心爱的姑娘怕拖累她，不能告诉大家我想出去怕被笑话，不能让人知道我在造最大的船怕万一失败。"

"原来当初你也很矛盾啊！"小海说。

"每个人的选择都是痛苦的，一旦挺过去，风景或就不同了。"小浆笑道，"但也可能是悬崖，大海上我曾遇到风暴、海盗、缺水、迷航等困难，几乎是活不下去了。"

"你还不是战胜自己了嘛。"众人啧啧称道。

"向前一步，可以成为更好的自己，心无包袱，自有力量了。"小浆心中无限感慨。

人生旅途上，没有理想是平白无故就实现的，试着走出去，才能看到未来一点点向你靠近。

偶尔会有朋友发牢骚说：你瞧，瞧瞧，那谁又晋升了，平时不声不吭的没见有能耐啊。

又或是心有不甘地揣测，某人走好运搭顺车，准是凭着什么手段或者非凡关系才"上位"的。

将他人成功归结于外因，将自己原地踏步的因果归纳为世事不公，心生怨念万般苦恼，像这样的人事在我们身边是不是屡见不鲜呢？

迈不出自己的腿，管不了自己的嘴，生活在一潭死水中，哪会有好运来敲门。

看到演员柯蓝的故事时，我脑海中兀地蹦出父亲常念叨的一句话："宝剑锋从磨砺出，梅花香自苦寒来，人生没有捷径可走，往前一步，便是另一个自己了。"

认识柯蓝，缘于热播剧《人民的名义》中她饰演的一位沉稳干练、英气逼人的女检察官陆亦可，她是一位纯净认真、倔强长情的生活女子，一位有血有肉、棱角分明的女性。入木三分的表演，深入人心的角色，让观众过目难忘，引来好奇者对演员背后故事的挖掘，很想知道生活中的柯蓝，是不是如剧中人物般豪情漫天，英姿飒爽。

网上很容易找到有关柯蓝的资料和那些对她赞誉满满的文字，在饱满的勾勒中，四十五岁这几个字瞬间钉在我心里。人到中年，这是一个极深沉又新鲜的生命阶段，蓦然回首，许是万家灯火过，莫问前路，缘来竟在阑珊处。人到中年，演艺的大门似乎才静静地为柯蓝敞开了。

其实，二十年前的柯蓝，艺术事业很是光鲜、亮丽。

1994年，留学加拿大的柯蓝，被香港制片人看中并力邀到香港Channel V做了一名主持人，正式跨入主持界。经过两年的崭露头角，她1996年加入凤凰卫视主持《音乐天使》节目，成为亚洲最红主持之一，年薪高达六十万元，在当时，这个收入可算得上富豪了。

年纪轻轻的柯蓝，只需顺势走下去，前途肯定一片大好。可是，事业如日中天的柯蓝却在最春风得意的时候，做出了一个让很多人大跌眼镜的决定：转行做演员。

没有演艺训练，没有演艺经验，没有演艺背景，放弃令人艳羡的著名主持人身份，只为尝试做一名演员，这种近似"荒唐"的想法和做法，让认识柯蓝的人百思不得其解，就在众人的反对声中，柯蓝做出了一个更"惊艳"的举动，将自己真名的"钟好好"改为艺名"柯蓝"。

艺人入行改名本是情理之中的事，但是"柯蓝"改掉的真名，可是将她与爷爷开国大将钟期光撇开了不少关系。有人想方设法寻找身份背景，柯蓝却故意不用这个有利她入行的优势。

蓝是梦幻，是天空是海洋，是一种至深至纯至净的胸怀，以"梦"为记。"柯蓝"，予人美好和干净的向往。

以梦之名扎进演艺圈，畅游二十年的柯蓝，其间演绎的角色和形象，为人熟知或者牢记的并不多。她不是那种极具天赋和慧根的演员，但是她绝对是一个认真努力的人，坚持将角色诠释到自己满意为止的演员。尝试，更多尝试，走出一步，坚持再走一步，可饰演贤惠的、泼辣的、刚毅的、温情的、小资的，柯蓝在角色里游刃有余，塑造的每个人物都栩栩如生。她把小人物演出了大格局，假故事显出真情怀，或许做一个演员的满足与成就，就源于将人生百味、生活百态尝遍后，告诉世人些什么。

从当初义无反顾地选择做演员开始，柯蓝心中就有梦的归属吧。

她只需迈出一步，所有的未来自己会说话，所有的故事自然会演绎，所有的经历都会成全最好的自己。

生活中，像柯蓝这样的为梦出走的人，很多很多，他们遍布社会的每个角落，每次相遇都有如遇春暖花开般的感觉。

耐心，让努力后的结果更甜

心有梦想，耐心坚持，再远的路途，也会慢慢抵达。

徒儿修行半年，觉自己开悟了，有些得意扬扬，也不在乎平日功课了。

师父看在眼里，却不动声色，只对徒儿说："去山下见见世面吧，顺便帮师父化缘。"

徒儿大喜，连忙应承道："师父，耐心等着，傍晚就有斋饭吃啦！"

可是，待晚钟敲响，天幕已沉，山门外仍不见徒儿身影，师父便坐在院中，闭目打坐起来。

慢慢地，天已黑尽，林鸟声绝，徒儿才轻轻地推开寺门，生怕惊动任何人似的。他暗想，如果师父已经歇下就好了。

因为今天下山，徒儿化缘无功而返，山下的村民见他空着钵，对他不理不睬的。

徒儿不解，为什么师兄们化缘那么不费吹灰之力呢。

第二日，徒儿趁着师父未起床，便早早下山去，他想，只要我足够诚心，就我一身修行，还怕化缘不到吗？

然而，结果并不遂徒儿愿，他依旧空钵而归。这次，他没有逃避，选择了径直向师父忏悔。

师父摸摸他头，轻声道："别急，明日去后山摘些药菊花下山吧。"

"作何用？"徒儿问道。

"下山便知。"师父耐心说。

既然师父说有用，那就照办吧。徒儿便摘了一袋子药菊花就下山了。

刚到镇上，就有人围上来，徒儿不明就里，放下袋子想问何故，却看众人满是欢心地上前来抓菊花。

"你们这是？"徒儿有些急了，心道："难道这里的村民都是这般没有善心，还不讲道理吗？"

人愈围愈多，徒儿没办法阻拦，只得一旁打坐，眼不见心不烦。

待袋子空了，天边的夕阳也沉了，徒儿不觉暗叹："哎！该怎么告诉师父今天忘了化缘呢？"

失落中准备回山寺，见有人影迎面而来，徒儿不耐烦，正想说"药菊花没了"，却听来人道："师父，这是斋饭。"

徒儿一惊，想问"这是为何"，不料又有人来送斋饭，如此鱼贯一二十人，钵已满，口袋也快满了，徒儿高兴地说："明日我再带些药菊花来。"

原来，山寺的和尚下山化缘有个习惯，就是为村民做些力所能及的事情，譬如劳作、祈愿、治病等，但凡自觉做了这些事的和尚，村民都认为他们是山上的师父，便会不自觉地送来斋饭以示感谢。

徒儿不知其中奥秘，接连两天下山自然会被村民冷落了，好在师父耐心十足，稍微一点拨，就解开了徒儿心中困惑。

后来，徒儿成了师父，他将后山的药菊花一株株挖出来，送到了每位村民家中，每逢酷暑炎热，家家户户都能喝上清凉甘甜的菊花水啦！

耐心地等待，不断地努力，生活总会结出红彤彤的果实来。

古人道："欲速则不达。"保持耐心，稳定恒心，机会来了不放弃，好运来了不错过，遵循发展规律，认清事物本质，懂得生命进退，如此才会不急不躁，拥有人生航行的方向感。

譬如要等到春天，须得历经夏的炽热，秋的萧瑟，冬的冷漠，当经历风霜雪雨和严寒酷暑后，春从轮回的痛苦中脱胎换骨，像小树的衣裳，像小草的绒毛，像小河的歌唱，冉冉靓丽起来。

譬如毛毛虫想要飞，就得化茧成蝶。而想变成一只美丽的蝴蝶，得历经六个月"魔鬼般"的蜕变期。毛毛虫从肉体中一点点剥下稚嫩的皮肤，直到羽翼丰满，一飞冲天。这期间的疼痛隐忍，该是怎么样一种煎熬啊！

譬如琥珀、钻石、玛瑙等，世间愈是光彩夺目的事物，愈是要经历万般折磨、千般摧残，许是才能成就辉煌与闪亮，耀眼于世。

如果失去耐心，放弃努力，或者三天打鱼两天晒网，最终的结果无非一事无成罢了。

乔伊电话再次促催，说柚子新书签售会明日将在成都举行，若若你就别拖拖拉拉的，赶紧坐车过来，我们终于可以圆梦啦。

乔伊一句"圆梦"，一下子把我的思绪带到了七年前初相识的情景中。

我，乔伊，柚子，在一个初秋的夜晚，三人无意中在某文学论坛的某栏目碰见了。当时，乔伊是版主，待人热情大方，处事细腻得体，新人来了有"好茶"，版友来了有招呼，遇到新作品特别是好作品发到栏目，乔伊会逐字逐句阅读，并留下满屏的阅读笔记，让人心生温暖，心有感动，来了就不想离开了。

后来我们熟悉了，我曾调侃乔伊道："你是'摆开八仙桌招待十六方'，比沙家浜的阿庆嫂还机警、智慧。"

"智慧就好了，为什么还机警？"乔伊好奇地问。

我不由一笑，说："破案有侦探，演戏有星探，你就是'文探'啦。"

乔伊一乐，说如果她是文字的伯乐，我就是她的伯乐，有朝一日做了好编辑，都是若若伯乐的功劳。

当时，乔伊虽说是论坛中的版主，可是她很会发掘人才，引领精英到自己的版块，并能在众多的网络作品中发现优秀或有潜力文字的，不遗余力地推荐给版友阅读，引来众人追捧，阅读量很高。

而柚子就是乔伊那时从人堆里将她挖掘出来的。

当时柚子读大三，课余时间写小说，但因喜欢的男生酷爱古诗词，随时可以念出"人生若只如初见""一生一代一双人""当时只道是寻常"等绝美的诗词句，爱屋及乌的柚子便下定决心研究中国古诗词，只希望男生能看到与众不同的自己。

柚子将学习诗词的心得写成散文笔记发到论坛上，瞬间就被乔伊发现宝贝似的盯住了，再也没逃出过她的视线，一直到现在。

柚子曾说："乔伊就是橡皮胶，黏上了甩也甩不脱。"

从那时起，乔伊，柚子，我，三人因为性格相投，又喜爱看书，还特别能交流读书心得，便结下了深厚的友谊。

乔伊说自己想做一名出版编辑，将传统的优秀的文化挖掘出来，让更多的人爱上中国文学。

我说我写碎碎念就好啦，乔伊你可以签约下柚子，说不定她是未来的文坛新秀。

"如果有那么一天，我三姊妹齐聚吧。"乔伊一改平时的大大咧咧，认真地说。

没想到，当初的梦想真的成真了，柚子的第七本书明日将来蓉签售发布，而这本书的策划编辑依然是乔伊。

她们是如何做到这些的，我很是好奇。当见到她们那一刻，我才真正地明白，什么叫坚持，什么叫耐心，什么叫努力。

七年，为了能做一名出版编辑，乔伊说从来没有放弃过梦想，也没放弃过找寻出版的平台。除了阅读作品，学习编辑知识，她还在茫茫网海中搜寻结识了众多出版社、出版公司的编辑，以刻苦认真、耐心坚持的精神打动了一些策划编辑，对方传授了很多出版技巧给她，慢慢地，乔伊入行了。

七年，喜欢古诗词的男生并没有因为柚子出版了几本古诗词赏析而喜欢上她。柚子说："他激发了我对古典文学的热爱，他让我爱上一个人孤独地写作，他让我懂得执着与坚守才是生活的态度，结果我们无从知晓，但耐心地享受过程的酸甜苦辣咸，才是最美好最有意义的。"

柚子说大学毕业后自己做过会计、销售，后来做到主管，但是，却一直放不下对文字的喜爱。它让我认识自己，发掘自己，找到自己，并让更多的人感觉到了文字的温度，文学的魅力，我们只需要耐心等待，优秀的文字都便开出绚丽的花朵来。

人生很短，岁月很长，守住初心，保持纯真，生命本色可长青也。

与你相遇，在灵魂最深处

因为相遇，才有相知。因为相知，才会相吸。因为相吸，才能相邀一场心灵之约。

方山后山竹林里有座茅草屋，居住着一位隐士。隐士有个爱好，就是喜欢下棋。没有棋友，他就左手搏右手，与自己交手数十年，自认棋艺达到登峰造极的地步，难有人超越。

但时间久了，也觉枯燥。于是，隐士决定摆出一盘最新研究的"惊天"棋局，诚邀天下棋友对弈。

消息刚放出去，引来众多高手前来应战。可是，接连几月，都没有人能破了棋局。

隐士心叹想："高山流水，知音难求啊。"遗憾之余，只得继续钻研棋局打发时间。

直到一天，一位放牛娃不经意路过此地，原本清静、寂寞的茅草屋瞬间热闹起来。

因为，他破了隐士的棋局。

隐士第一眼看到的放牛娃，是骑在牛背上的一个半大小子，嘴中吹着口哨，手里甩着柳条，慢悠悠而来。

见了隐士，放牛娃俏生生问："先生，在下棋么？"

隐士一愣，心想小小年纪你也懂棋。于是笑着道："要不，来几盘？"

隐士本是逗逗放牛娃，不曾想这孩子真的脆生生就应承了。一声"好啊"，连忙跳下牛背来。

"真是不知天高地厚的毛头小子。"隐士不以为然，然后说，"要不我先让你几个棋子吧？"

"下棋不认真，非君子所为。"放牛娃理直气壮回道。

"这孩子还真较真。"隐士心道，"那好，看我怎么几下就杀得你无力抵抗。"

然而，十几个回合下来，隐士却半点便宜也没占到。他开始心慌了，暗叹："哪来的野小子，竟有这般棋艺。"

这场对弈，两人足足下了三天三夜，七局三胜四负，隐士输得心服口服，非常过瘾。

"天外有天，人外有人啊。"隐士感慨之余，更是庆幸自己遇到了一位忘年交，人生在世，知己难寻。

后来，在慢慢的交往和交谈中，隐士得知，这位小小的放牛娃，原来是隐居在此的前任宰相的孙子，从小诗书文章饱读，琴棋书画精通，棋艺更是天赋极高、出类拔萃。

再后来，无论天晴下雨，炎热酷暑，寒风瑟瑟，放牛娃会时常出现在茅草屋，与隐士弹琴对弈，笔墨飞花，他们成了令人艳羡的知己朋友，他们的故事也被世人传作佳话。

李白《赠汪伦》诗中道：

李白乘舟将欲行，忽闻岸上踏歌声。

桃花潭水深千尺，不及汪伦送我情。

即将登上船只远去的李白，忽然听见岸上传来一阵阵歌谣，还有律动的脚步声，这是送别的朋友来了啊，一程又一程地挥别，一程又一程的不舍，如何不让人感动。即使是这行舟的桃花潭水，纵有千尺的深邃，都比不上我的好友汪伦这份深厚的情谊。

人生得一知己，如此就好。

诗仙李白和村人汪伦的友谊故事，因这首送别诗而千古流传，让后来者艳羡不已。

游历，喝酒，交友，写诗，李白一生，醉在山水里，醉在美酒里，醉在诗歌里，还醉在三朋四友的相聚里。

岑夫子，丹丘生，将进酒，杯莫停。

与君歌一曲，请君为我倾耳听。

三五知己在一起，爽快喝酒，纵情歌唱，大声赋诗，"呼儿将出换美酒，与尔同销万古愁"。在对的时间，遇到对的人，金钱算什么，"五花马，千金裘"都换了好酒来同饮三百杯。

豪情、率真、放达，李白浑身散发的热烈奔放与天真烂漫，让他充满了磁石般的交朋结友气场。杜甫、王维、孟浩然、贺知章、刘长卿、王昌龄等鼎鼎大名的大唐诗人，都成了他的好朋友。

高适说："莫愁前路无知己，天下谁人不识君。"

李白真性情、好气魄，以诗、酒、情会天下朋友，自是知己满天下。这是以心交心的灵魂相吸。

因为懂得，所以明白，生命中能打开你心扉，走进你心灵深处的那个人，一定是知己了。

每一个人一生中，都会有那么一两个可以闹，可以笑，可以哭，可以一起创业，可以相互扶持，可以交出彼此真心的不离不弃的挚友。

当孩子踏入社会后，总听老人念叨，交友莫交"狐朋狗友"和"吃喝朋友"啊，长辈们的谆谆教诲，无非说场面上的吃吃喝喝都是逢场作戏，或者假意迎合，哪喝得出一个真心诚意的朋友呢。

好朋友晋锋每次听母亲这么说，总会不以为然地反驳："'吃'出来的朋友，知脾性，对口味，那才是真知己也。"这话虽粗糙，理由有些牵强，不过，晋锋还真"吃"出了几位朋友。

警校旁有一家小馆子，晋锋读大学时经常光顾，因为这里的小老板娟子是他的好朋友。

说起来，晋锋与娟子结识，便是一盘火爆肥肠做的媒。到警校报到的第一天，对川菜无比向往的晋锋，在宿管的热情推荐下，来到了娟子的小餐馆，准备饱餐真正的四川美味。

按菜谱检索，回锅肉、麻辣鸡、子姜鸭、水煮肉、豆花……应有尽有的美味把晋锋看得眼花缭乱，真不知道如何下手才好。

"火爆肥肠、古蔺麻辣鸡、富顺豆花，觉得如何？"晋锋听见一个脆生生的声音在耳边响起，回头一看，一干净利索的小姑娘站在身旁正提点。

晋锋本也没主意，便顺着点了这三道菜，品尝后感叹，真是绝味。从此，他对川菜的热爱，对小馆子的热情一发不可收拾。

随着到小馆子的次数愈增，晋锋才得知，那位推荐菜品的姑娘，原来就是这家店的老板，熟客们都亲热呼她"娟子"。

"娟子。"晋锋也这样呼她。

娟子不下厨，也没穿围裙，平时穿得清清爽爽的，就店里转悠着，倒像是来就餐的小白领。与娟子熟悉后，晋锋会调侃她："老板，你会炒菜吗？"

"就怕吃了我炒的菜，不想回北方呢。"娟子爽朗笑几声回道，"就没有四川姑娘不会烧的菜。"

和娟子打交道久了，知她爱看书，爱手工，爱追剧，还爱写点文章。有时看报，豁然看到"娟子"的署名，晋锋便会第一时间联想到她。这姑娘，与众不同，后来，听了她的故事，才知真是如此。

进入农历冬至的那一天，娟子约我到她的小餐馆去，说可邀三朋四友，更是欢迎携"警嫂"光临。

那一天，本来是晋锋的生日，他自己竟然忘记了，娟子无意中知晓，并记在了心上。

那一天，晋锋终于尝到了娟子的厨艺，一桌子人惊叹之余，风卷残云般吃掉了十八个菜两个汤。

那一天，晋锋也知道了娟子的故事，第一次真正走进她的心里去。

娟子说，她父亲是一位特级厨师，开了一家小餐馆，母亲因腿病不能劳动一直赋闲在家。一家人虽生活清苦，却其乐融融，幸福美满。特别是成绩优异的娟子，无疑让父母看到了希望，心生了期盼。可是，天不遂人愿，高三那年，娟子父亲因意外车祸去世后，家中顶梁柱没了，生活来源没了，但日子还得过下去。娟子高考后，向母亲隐瞒下录取通知书，放弃了读大学的机会，便挑起了接管父亲餐馆的担子，一干就是三年。

晋锋问娟子："后悔吗？"

"不觉得当老板的感觉很好？"娟子笑着反问，喝酒后的脸庞红润得像一抹桃红。

众人笑说当老板当然好，可是，谁都掩不住对娟子的怜惜，没人知道娟子考上了什么大学，只是知道她曾是父母厚望的寄托。

"这手好厨艺，谁娶了娟子都幸福。"人堆里哄闹起来，有人推荐自己的女友跟娟子学学厨艺。

娟子应道："吃得苦的都来学。"

一个苦字，或许就是娟子学习厨艺的心得吧。

后来，晋锋还知道，娟子钻研美食同时，还创作美食文学，一本名为《寻味川菜》的书，已经签约出版了。

再后来，娟子给晋锋介绍了几位川味大厨、"超级吃货"，还有娟子一帮钻研美食文学的作者朋友，晋锋和他们都成了好朋友，一起研究中国博大精深的美食文化。

因为"吃"走到一起，尽管有些人从未谋面，晋锋却觉得，他们的身影无处不在，总在自己的生活中，日子里，还有自己的灵魂最深处，紧紧地相吸。

我和晋锋，其实也是因为美食而结缘相遇相识相知的，我们的故事与娟子的故事，都那么平凡而简单，却是最干净最纯粹的心灵之约。

周华健《朋友》中唱道：

朋友一生一起走

那些日子不再有

一句话一辈子

一生情一杯酒

朋友不曾孤单过

一声朋友你会懂

还有伤还有痛

还要走还有我

朋友，就是那个与你灵魂共振，无论身份，无论地位，无论何处，一生中不离不弃的人。

第六辑

静下来，不辜负世界的美好

心无杂念，何处惹尘埃。心无滞碍，哪会不自由。心无郁结，

怎会不快乐？

自由，快乐，一念之间而已。

独处时光，宁静致远

守得住寂寞，耐得了孤独，一个人的时光，宁静以致远。

两位年轻人听说山上住着一位绝世高手，于是结伴同行，立志要学到最上乘的武功。

历经艰难险阻，终于见到了传说中的高人，一位精神矍铄的老者，两人当即跪下，说要拜师。

"拜师为何？"老者问。

"要做一位真正的强者。"两人异口同声道。

老者"呵呵"一笑，说："年轻人胸怀大志是好事，可是你们受到了这个苦吗？"

"受得了！"两人铿锵齐答。

"既然如此，那我就成全你们，不过要答应我一个要求。"老者说。

两人心道，别说一个，一百个也会答应，于是连忙应承："好！"

"你们在山上待满五年即可。"老者说着微笑看向两人。

只要能学到上乘武功，这算是什么要求，年轻人相视而笑，跪下磕头正式拜老者为师。

小甲年长，便做了师兄，小乙便成了师弟。

春来暑往，秋去冬来，两年过去了，两人每天不是担水，就是扫地，或者劈柴，就是不见师父传授武功。

着急的小乙心想，我是来学武的，成天与杂事交道，与在家中有何区别？

心有动摇的小乙很想问问师父是怎么想的，但当看到师兄每天默默无闻也在重复这些事情时，满腹疑惑的他终究没说出口。

又过一年，情形依然如此，小乙终于忍不住了，于是去问老者："师父，什么时候传授我们武功？"

老者含笑道："时机未到，再等等吧。"

小乙愤慨，找到小甲埋怨说："师兄，一起上山三年，除了做苦力，什么武功也没学到，白白浪费光阴，不如我们另拜师父吧，或许还有机会学到绝世武功。"

小甲一言不发，只顾埋头劈柴、挑水、扫地。小乙觉得自讨没趣，再也不找师兄了。

此后，小乙经常往山下集市跑，闲逛、喝酒、看戏。小甲仍然一声不吭地做着"苦力"。

偶尔小乙也会邀请小甲下山，说："师兄，一个人待山上多闷，不如和我下山一道玩吧。"

"闷吗？"小甲问，"山上到处是虫鸣鸟叫，山花野草，有师父和你，还有练不完的功夫，也好玩呢。"

小乙心道："呆子，到了五年就拿到武功秘籍了，何必煞费苦心地做事。"

五年后，与师父约定的时间到了，老者如约将两人喊到房间，把事先准备好的两个盒子交到他们手上。

两人打开盒子，却是空无一物。

老者看着他们，道："都悟到了吗？"

"师父，我悟到了。"小甲答。

小乙讶然，盯着空盒子问："师父，秘籍呢？"

老者含笑，没有说话。这时，小甲从怀里摸出一本泛黄的本子，轻轻地放到眼前盒子里。

老者示意小乙看看盒子里的本子，然后对小甲道："打几招给师弟看看。"

小甲点头，操起劈柴刀就挥舞起来，风声利落，招招有势，暗藏千钧之力，一刀下去，竟将山前大树劈开。

小乙看得目瞪口呆，师兄功夫已成。这是师父偏心啊，只给师兄武功秘籍，小乙暗想。

老者看出了小乙的心事，语重心长道："孩子，我并没有偏心。你师兄能有今天的成就全靠他自己。这世间哪有什么所谓的"秘籍"，真正的秘籍其实就掌握你自己手中，只有适合自己的"秘籍"才是最好的秘籍，只是你还没有领悟到而已。"

他看了看小乙，递给他一根枯树枝，说："你在地上画个圈试试。"

小乙照做，然后老者在小乙画的圈里又画了一个圈，道："世界太大，很多人都困在圈里了。唯有跳出这个圈，耐住寂寞，守住孤独，才会在心中找到那片属于自己的净土。"

原来我下山的事师父早知道了，小乙这才明白。五年的时间里，师兄在看似平凡的劳作中领悟到了武功招式，自创出一套适合自己、独一无二的武功秘籍。

后来，沉淀下来的小乙潜心修炼，和师兄都成了一流的武学高手，他们行走江湖，侠义漫天。

是啊，所谓的"秘籍"其实就在我们自己的手里，需要我们去打开它，领悟它，实现它。纷繁世界里，太多喧嚣，太多诱惑，最容易失去自我，失去本真，给心找一隅静地，慢慢地，也就生命寂静，万物纯净了。

一个人独处，看似会失去很多，譬如交往、聚会、活动等。一个人独处，也会收获更多，譬如空间、思考、学习等。一个人独处，是一朵月光开在心河上，冷冷的清辉明朗一片。

如此时光，恬淡而清新，安静且从容。

然而，有多少人能真正享受独处呢？

燕子是我邻居，而立之年与丈夫离婚，一个人带着孩子生活，这日子虽说艰苦，但因一边工作一边照顾孩子，生活忙忙碌碌，倒是让她没有时间思虑婚姻的失败和离异的痛苦，见面招呼，燕子皆是匆忙热情。然而，自从孩子住校后，这种情形似乎发生了变化。

偶尔碰到燕子，总觉得她一脸倦容，眼袋松弛，神色黯淡，一副无精打采的样子。

寒暄时问她，这是怎么了？

燕子几声长叹，然后幽幽道来，她说："孩子在家时，一日三餐，家务，辅导，时间排得满满的。孩子住校后，似乎做什么都不上心，一个人吃饭，一个人睡觉，一个人看电视，孤零零的。"

燕子哽噎着说："长时间失眠，整晚整晚睡不着。"

"没去看医生？"我关切问。

"看了很多次，也吃了安眠药。"燕子叹气说，"药也不管用了，不知如何是好？"

孤独和失眠，不单燕子如此，其实，现实中有这种"病根"的人比比皆是。

一群人嘻嘻哈哈，内心许是孤独的。一对恋人埋头玩手机，或许也是孤独的。一个人独处，更是容易孤独的。当孤独成为生活的顽疾，日子便会生出阴影，折磨我们精神，消磨我们意志。

燕子是孤独的，因为她心空了。心空了，就需要将它塞满，填充到没有空隙。

隔一阵子再遇到燕子，她脸上光彩多了。问她难倒恋爱了？

她笑道："确是在恋。"

"是哪家大哥啊？"我故意问。

"隔壁大哥。"燕子拉长着声音答，"瑜伽，羽毛球，现代舞，我的老师可都是帅哥。"

然后，燕子拉我手在她脸上弹弹，神气问道："气色如何？"

"小姑娘般的红晕。"我"哈哈"两声说。

"每晚看几页书，喝一杯红酒，好睡又养颜。"燕子看向我的目光充满了感激道，"英子，你说的办法真好。"

燕子握着我的手，有电感微微传来，很温暖潮湿。

将独处看作人生体验和生命必然，那些原本的寂寞反而让人更加充实，更有一分怡然自得，更能收获生活的真谛。

一个人独处，很玄妙的感觉，特别的况味。

古今中外的名人大家，无不钟爱"独处"，他们视"独处"为一剂良药，苦尽甘来，饶有余味。

一代名相诸葛亮便是个喜欢独处的人。在影视剧里，我们总觉得诸葛亮很有智慧，能运筹帷幄之中，决胜千里之外，但他的智慧从哪里来的呢？其实这和他喜欢独处有很大的关系。

因为一个人的时候，他的心能够安静的下来，于是好的点子层出不穷，这些使他成了三国时期著名的文学家和军事家，更为他日后的战略思想奠定了基础。

最著名的要数"空城计"了。当时司马懿领兵数十万，诸葛亮旗下兵力不到一万。面对如此严峻的局势，他的冷静，他的睿智派上了用场。

他命令城中百姓和士兵全部撤出，然后大开城门。自己却正襟危坐，拿出古琴弹了起来。最后竟将司马懿十几万虎狼之师吓退。

这份从容不迫并不是随随便便就能佯装出来的，定是经过了长时间的冷静和感悟，才能在危难时刻急中生智，化险为夷。

正如诸葛亮《诫子书》中所说："非淡泊无以明志，非宁静无以致远。"

"宁静"二字大概是对独处最好的注解。

独处的时候，不用周旋别人的情绪，不用左右顾及别人的言语，不必刻意判断别人的心思，只是在时针的静静跳动中，轻嗅花香，自己陪同自己，走好属于自己的路。

因此，我们需要独处，不是让我们与世隔绝，而是让躁动的心有片刻的休憩。让我们带着简单的情愫，抬头看看蓝天白云，低头看看青山绿水，冷静思考，认真感悟，定会参透出适合自己的"人生秘籍"。

不忘初心，哪儿都是爱的温床

播下爱的种子，哪儿都能生根、发芽、抽穗、开花。

我常去封龙山，从后山上径直上去，会途经一座小庙，小庙虽小，香火却旺。时有香客、爬山者落脚在此，请愿或歇息。我也不例外，爬山时都会逗留一会儿。

庙旁有口井，井旁有桶有碗，可取之解渴。庙门外有木凳，一字排开，可随时落座。庙中有位居士，与之闲聊，甚是有趣。

譬如，她会讲山神捉妖，会说神仙来小庙的传说，会谈种植的乐趣等等。

居士在山上的山石间物色了一处空地，种上了南瓜、茄子、黄瓜等菜蔬。每个清晨和日暮，蜿蜒的山径上都会出现她提着水桶蹒跚的背影，偶有路人说帮忙，她都会和蔼拒绝，说习惯了，不碍事。

不过，有心人发现，到了收成的季节，居士倒不着急采摘，总让上山者抢了先，看着怀抱大南瓜的人从庙旁经过，居士一脸喜悦之情。

我诧异问她："就这么任他们采了去？"

"谁吃不是吃呢！"居士笑着说，"我也吃不了那么多。"

是啊，予人玫瑰手有余香，予人方便自己方便，予人快乐自己何尝不会快乐呢。

原来，心中若有爱，哪儿都可以是爱的温床，培育爱的种子，开出爱的花朵，结出爱的果实。

真正的爱，是不分时间、地点、境遇和对象的。有包容心，持平常心，怀恭敬心，便会心怀喜悦，心内宁静，生活充满温暖，生命芬芳四溢。

真正的爱，无私，简单，长情。

真正的爱，是需要铭记、传承和歌咏的。

白方礼，河北省沧州市一位普通的老人，2009年当选"百位感动中国人物"，2011年被授予"感动中国特别奖"，此时，距老人离世已经过去了许多年，而他给后人留下的感人故事，却一直被传递、颂扬着。

老人到底做了何事，让人牢牢记住并为之感动呢？

2012年，《感动中国》颁奖典礼现场，主持人说道："请接受我们的特别敬意，白方礼们！让我们传递着鲜花，传递着温暖，带着白方礼们给我们的这种人间的温度，走进新的春天。"

"鲜花""温暖""温度""春天"，这一组饱含热量和力量的词语，道出了老人白方礼让人感动的一生。

俗话说，人生七十古来稀，最美不过夕阳红，安享晚年，颐养天年，儿孙承欢，保健身体，应当是每位老人最希望的生活，安静、恬淡、舒适，如此就好。

然而，七十四岁的白方礼老人在退休十三年后，他做出了一个让人"大跌眼镜"的举动，义无反顾地重操旧业，将蹬三轮车的收入全部用于帮助贫困孩子实现上学的梦想。这一做便是风雨无阻，坚持近二十年，直到去世前，九十三岁的老人用自己一脚一脚蹬来的三十五万元，圆了三百个贫困孩子的上学梦。

三十五万元，可能是某富翁年收入的零头，可能是某明星的一场活动出场费，可能是某大慈善家捐赠的零头，也可能是某青年人一二十年的积蓄，但对一位耄耋老人来说，三十五万元收入的意义却着实不同。

是起早贪黑，是坚持不懈，是吃苦耐劳，是铆足精神，是……但更是心中有爱，心存善良，心有奉献。

歌手韦唯《爱的奉献》中唱道："啊……只要人人都献出一点爱，世界将变成美好的人间。"

世界的美好，就是像白方礼这样的无私无悔奉献的人们默默无闻地缔结而成的。

因为社会的各个角落有众多的"白方礼"，生活才有温度，生命才会盛放。譬如我们在冬日能如沐春风，在夏季能秋高气爽，在秋天能繁花似锦，在春分能绿茵如潮，藏着一颗爱的种子，哪儿都能发芽。

有人说："一个馒头，一碗白水，他曾如此简单生活；三百学子，三十五万捐款，他就这样感动中国。"

这就是感动中国人物白方礼。

但老人却说："我没文化，又年岁大了，嘛事干不了了，可蹬三轮车还成。孩子们有了钱就可以安心上课了，一想到这我就越蹬越有劲。"

爱，不分年龄，不分职业，不分时间，不分地点，不分大小。

爱就是有牵挂，有想法，更有行动。于是他还说："想想那些缺钱的孩子，我坐不住啊！我天天出车，二十四小时待客，一天总还能挣回二三十块。别小看这二三十块钱，可以供十来个苦孩子一天的饭钱呢！"

爱其实从来没有那么多大道理，它只在每个人心口上，慢慢浇灌心灵之水，便会慢慢发芽、抽穗。

前些日子看了一篇文章，很受感动。文中说，2010年，台湾一位卖菜的阿嬷陈树菊，她的名字与世界名人奥巴马、乔布斯、李彦宏、卡梅隆等，一起登上了《时代周刊》杂志，成为"全球最具影响力100人"。

阿嬷做了什么竟然能与世界巨头同列名人榜单？

阿嬷卖菜五十三年，以微薄的收入一点点积攒了一千万新台币（折合人民币二百二十八万元），用于救助贫困儿童和家庭，认养贫孤病童，建立小学图书馆等。阿嬷做善事、献爱心半个世纪，一直默默无闻，不求回报。

阿嬷的"一夜成名"，皆因导演李安推荐，让她登上了世界著名杂志《时代周刊》所致。

然而面对记者追问时，不知缘故的阿嬷却反问道："我和李安又不熟，他为什么要替我报名？"

她只是一位普通的卖菜阿嬷，她只与众多的买菜者交道，她的一生命运多蹇、苦难丛生。

十三岁前的阿嬷，虽然生活十分清贫，靠着父母摆摊卖菜的微薄收入维生，但一家人团团圆圆，和和睦睦，六个孩子还是快乐、幸福的。

然而，十三岁那年，阿嬷的母亲再怀一胎，因无法筹到剖腹产的费用，延误了手术时间，母亲和未出生的弟弟一起离开了人间。阿嬷的童年，也从那一刻结束了。

作为长女的阿嬷，就此辍学，挑起了家中的大梁，卖菜、烧饭、洗衣、照顾弟妹，阿嬷一一揽下，她的生活，像极了快速旋转的陀螺，只有不停下才能生存，有价值。

阿嬷十九岁那年，最小的弟弟得了怪病，需要一大笔钱医治，但犹如当年母亲难产借钱般，没有人愿意伸出温暖之手，待有一位热心的小学老师发动全校募捐筹到一笔钱后，面对送到大医院的小弟，医生却无力回天。自己一手带大的小弟就这般可怜地走了，阿嬷心如刀绞，她发誓一定要赚到很多很多钱，有足够的能力保护好这个家，保护好她爱的家人们。

从此，阿嬷发奋努力，勤学苦练中领悟了生意的窍门和奥妙，生意逐步有了起色，当还清了家中债务后，历经苦难和磨砺的阿嬷开始了长达五十余年的善心善举，从学校到孤儿院，从贫困生到贫困家庭，从孤儿到残疾儿童，从认养资助到捐赠实物，阿嬷一直没有停下来。

尽管这个世界曾对她不公，尽管有些人曾对她十分冷漠，尽管生活曾对她怒目圆睁，但阿嬷眼里，天是蓝的，地是阔的，人心是纯澈、干净的。

有人说，一个人看到什么，她的世界就是什么，这是倒影，是反射，是心镜中的另一个自己，不停地擦拭、打磨着。

当有人将童书送到贫困儿童手中，有人搀扶蹒跚的老人过人行道，有人给孕妇、儿童、老人让座，有人捡拾起路上的石子、瓜皮，有人给病人捐赠医疗费用，有人支教边远山区……看到这些，便会让人不由自主想起白方礼老人，想起无数多的善良的阿嬷们。

以爱为名，他们默默地扬善义为善举，如影随形在我们身边，只需打开心扉，随处可见，随时可见，随缘可见。

心无旁骛，明媚自然来

多虑心生烦恼，忧思繁衍痛苦，心若宽，人也静，到哪儿不是美好世界呢。

年轻女子很不开心，决定旅游散散心。

第一站她去了美丽的大草原，正值七月，白云连片，绿茵如织，置身于天高地阔中，心突然开朗，人无比自由，女子觉得，这才是自己想要的生活的啊。

可是，终究会离开。女子难免哀叹，人生真不自由。

那再去一趟海边吧，海天一色中或许能碰到真正的自由和快乐。

女子踏浪、赶海、拾贝，畅游在蔚蓝世界里流连忘返，乐不思蜀。然而终究还是会离开，女子又不快乐了。

哪儿才有真正的自由啊？

女子想，上班八小时被上司盯着干活，下了班也被男友吃穿住行管束着，真是无半分空间，如何能快乐起来。

听说黄山宏村风景宜人、悠然入画，女子再次心动，马不停蹄赶往。

画画的，闲居的，游览的，宏村各处散落着各色各样的游者，或匆匆，或停顿，或闲散，形形色色的面孔忽来忽去，让女子不知要往何处？

茫然中拐进一座小院落，古老的门楣，古朴的家具，有两位古稀之年的老人在院中心无旁骛地忙碌着，安静慈祥，安然有序。

"他们真惬意啊！"女子暗叹，"不受外界之扰，不随众人之流。"

人有归宿，心有安放，哪儿没有自由和快乐呢！

原来，女子将上司的培养看作管束，将男友的关心想作约束，心中无时无刻不在抗拒和抵触，哪有闲心空下来享受被关爱的滋味，被重视的感觉，更别说快乐自得了。

人活一世，只有心中清醒，才能心灵舒畅，达到真正的快乐。

而活一世，得经历人生的酸甜苦辣咸，也会有爱恨情仇怨的体验，得在纷繁中找到朴素，在复杂里寻到简单，万事随缘、随遇、随喜，如此心就开了，世界就大了，快乐自然而然就来了。

反之，心就累，人就烦，眼界就有局限，人生的格局也就小了。

有个小故事，很能说明这个问题。

说沙漠里有一位寻宝人，因饥渴即将死去时，上帝正好路过此处，心有不忍中赐予甘露和食物保住了寻宝人性命。待身体复原，寻宝人又开始了寻宝之旅，他向沙漠更深处走去，历经千辛万苦，经历千难万阻，终于得偿所愿找到了很多奇珍异宝。寻宝人试着将它们打包准备带回家，可是，经过无数多次努力，他始终不能扛起这些宝物。

该怎么办？

寻宝人对自己心有余而力不足很是懊恼。最终，他不得不放弃一些好东西，让自己有能力带走大部分宝物。

然而，还没走出多远，寻宝人觉得自己根本无法承受宝贝们的重量，无奈之下只得再次扔掉一些。

再往下走，食物没了，身体虚弱到无力支撑未来的路途，寻宝人心疼地再放下些宝物，继续往回走。

再后来，水也没了，寻宝人像沙漠里一只泥鳅，在干涸中寸步难行，而此时的宝物已然是一种包袱，卸掉它，拼尽全力搏一搏，许是能走出这片沙海，继续扛，许是面临人财两空的结局。

该如何抉择？

当奄奄一息的寻宝人被路人救起，除了几乎不能听到的微弱脉动，他的身上一无所有。

活着，真好！这是寻宝人醒来后的瞬间念想。

后来，但凡有人问及这段经历，寻宝人都会绘声绘色地描述寻宝的精彩过程，他也会告诉所有的朋友们，生命所不能承重的，都是身外之物，欲要强加于身，必定无力担当，犹如心灵被欲望的枷锁牢牢控制，失了本性，没了自由。

"苦非苦，乐非乐，只是一时的执念而已。执于一念，将受困于一念。一念放下，会自在于心间。物随心转，境由心生，烦恼皆由心生。"只要心不被约束，无论何时何地何境，人都是自由的。

记得民国才女林徽因写过一篇名为《窗子以外》的散文，很有烟火气和生活味。

即使是经常缠绵病榻，窗子以内也关不住林徽因一颗丰富、细腻、敏锐的心。她写市井街头如临其境，写各色人物栩栩如生，写人情世故惟妙惟肖，她写窗子之外的形形色色是鲜活的，生动的，彩色的，琳琅满目的，有滋有味的，个性鲜明的。她把市井百态通过窗子以内一双眼，便看得清清楚楚。

心若自由，思想就可以飞翔。心若自由，心灵便通透无比。心若自由，性情则是明丽清朗。

我们一生中都会遇到心无着落、双眼蒙尘的迷茫时刻，如何将这块阴影驱散开去，随缘随遇随时，无所谓点拨，开悟许是一瞬间。

闺密小清约喝茶，恰好心情阴郁，于是爽快赴约了。

两人天南海北聊了一通，许是我眉头微皱被小清发现，她便笑着说："听来一个好故事，与君共享如何？"

"随你编排好啦。"知道小清最会讲故事解闷，我也来了兴致倾听。

"这个故事是这样的。"小清故作几声咳嗽，清理嗓子后娓娓道来：

年轻人养了一尾金鱼，对它宠爱有加，有求必应。而金鱼似乎也懂主人心，经常摇着漂亮的尾巴畅游在鱼缸中，玩得不亦乐乎。

然而，最近情形变了，年轻人发现金鱼不蹦不跳的，一副懒洋洋、闷闷不乐的模样，即使是想着办法逗它，它也不理不睬，甩甩尾巴就溜走了。

眼见金鱼日渐消瘦，年轻人很是担忧，心想，要不将它放到大海中去，自由自在地生活吧。

如金鱼所愿，它终于来到了大海。看见了大海中蓝蓝的水、墨绿色的海草、深深的海沟，金鱼感到快乐万分，不受约束的世界，这才是真正的自由啊。

然而，这样的好日子没持续多久，金鱼就遇到成群结队的鱼群蜂拥而来，遇到凶猛的大鲨鱼追逐而来，遇到蚌壳夹击，海带纠缠，砂石棒打，无数多潜在的危险让金鱼日日夜夜都合不上眼。

"这简直是一座猎场啊。"金鱼哭泣着哀叹，"比鱼缸那个牢笼可怕多了。"

金鱼开始怀念那个透明美丽的鱼缸，开始想念从前的主人，开始想要回到原来的生活，原来的世界中去。

可是，如何能回去？

"想回去吗？"小清冷不丁问我。

我故意拖着长音道："干吗要回去！"

"是呀，既在当下，何不珍惜。"小清接着说，"金鱼想要更大的世界，更好的舞台，更多的朋友，就得接受更多的生命挑战。"

"你说是吗？"小清笑着再问。

"心有多大，舞台就有多大。"我回小清一句说，"这句话听出老茧了，但是很有用。"

是啊，心若敞亮，明媚自然来。心若打开，快乐随时到。心若自由，哪儿不是家呢。

苏轼说："溪声尽是广长舌，山色无非清净身。夜来八万四千偈，他日如何举似人。"诗人眼中心中口中的禅意佛境，就像这大千世界中无解只能悟的生命境界，心若有天地，天地自在心中了。

装得下天地的心，还容不下快乐吗？

小清讲的故事，让我如梦初醒。

心无杂念，何处惹尘埃。心无滞碍，哪会不自由。心无郁结，怎会不快乐？

自由，快乐，一念之间而已。

每一颗善心都会结出果实

人心向善，世界为你敞开最真诚的怀抱。人心向善，每一颗种子都会缔结最饱满的果实。

山下住着一户人家，以砍樵伐木为生。

樵夫健壮敦实、少言寡语，俨然是砍、伐、挑、抬、扛的一把好手，而且记忆力超群、山行不会迷路，山行不会走空，就像是一张活地图，为上下山的安全保驾护航。

眼看年关临近，家中年货尚缺，于是樵夫决定上山走一遭，砍些木柴换点肉食美酒过新年。

他鸡鸣即起，披霜戴露、逶迤前行向山里进发，当天光渐醒，云层睁眼时，便抵达了目的地。

樵夫二话不说，抡起行头就干活。他作业轻车熟路，很快就攒了两捆木柴，原本可以午饭前就下山，想到妻子还没有新年衣服，于是决定再砍伐一些，换了钱给妻子扯几尺布料。

充满想法的樵夫越砍越带劲，一点儿都没有注意到天色渐变，松涛作响，风头正劲，他不断往更深处走去。突然几声雷滚过，樵夫大声呼"不好"，抬头间倾盆大雨已猛然密匝地打在了他脸上。这雨如水注，愈来愈凶猛，一时半会儿像是停不下来，樵夫避开雷区找了一空地儿歇下。

也不知雨下了多久，樵夫觉得又饿又昏，额头滚烫起来，为什么头愈来愈重，是发烧了吗？

预感到这样下去很容易出问题，樵夫努力地想站起来，他想撑下山去就安全了。可是，挣扎了几次都没能成功，慢慢地，手脚冰凉，思想混乱，迷迷糊糊中，他似乎看到了它，竟然是它！

它正用爪子往他嘴里塞东西，有点甜有点香，他使劲地咀嚼，使劲地睁开眼想要看清它是不是自己牵挂的那只小狐狸，它的腿伤好了吗，找到家了吗？

去年的冬天，也是这么冷的天，这么大的雨，他救下了一只可怜的小狐狸，给它包扎伤口，陪它度过雨夜，痊愈后送它回到了自己的家（这片林子）。他一直担心它的伤口是否会复发，一度期待能再遇上它，这样的想法还被妻子笑说是被"狐狸精"给迷了去。

他想他一定是看错了，或者是要死了，才有这种幻觉吧。

不知道过了多久，他听见有清脆的鸟鸣，一声、两声，慢慢地百鸟歌唱了。这是在天堂？

他微微睁眼，一束光打来，胸口暖洋洋的，一只小狐狸趴在他怀里，睡得正香。

在他的身旁，一大朵一大朵的灵芝开放得正好，多么新鲜丰美的果实啊！他睁开眼，一滴雨水恰好落进眼眶中，那么清凉、澄净。

樵夫和小狐狸的故事，与小时候看小人书中田螺姑娘的故事有几分相像。

田螺姑娘的故事，是这样的：某村有一位勤劳能干的单身小伙儿，一日下田拾到一只大田螺，带回家中养在水缸已有三年有余。某日，干活回家的小伙儿发现桌上摆满了热气腾腾的饭菜，左看右顾并无人，心想是邻居大嫂关心而为吧，又饿又累中赶紧下筷，一顿美餐，无比满足，饭后便去道谢，大嫂却说："听你家有煮饭、炒菜声，以为你回家了。"小伙儿想，不是大嫂会是谁呢？

小伙儿想一探究竟，于是假装出门干活去，半路折回，他躲在厨房门外，看见从水缸里走出一位仙女般的姑娘，熟练地做饭、炒菜，待饭菜做好，又躲了回去。几日如此，小伙儿决定弄清原委，趁着姑娘做饭之际，他一把抱住她并锁进房间，再探看水缸，只有空空一只大螺壳，小伙儿将壳埋好，再请姑娘回厨房，看见缸中空了的姑娘伤心地哭起来，慢慢道出实情。原来，小伙儿前世对螺精有救命之恩，今生对她还有三年的养育之情，为报答恩情，便化身姑娘帮他做饭、炒菜。

好人有好报，善心结善果。后来，小伙儿和田螺姑娘过上了幸福的生活，和一双儿女美满一生。

和朋友玲子聊天，听她讲过一段因果故事，当时唏嘘，很是感慨。

去年夏天，玲子八十高龄、患有健忘症的老父亲离家走失，已经超过二十四小时，全家人着急万分，一边分头寻找，一边报警求援，一边利用网络平台发布寻人启事，还发动了小区保安、邻居、朋友帮忙，始终杳无音讯，时间慢慢流逝，又过去二十四小时，毫无线索的一家人正商量着该如何办，却被"汪汪汪"声打断，是玲子父亲捡回家的小狗"落落"急切地叫着，众人以为它饿了，端来饭食，它却不吃，拽住玲子的裤管就往外拖，大家疑惑，面面相觑中随"落落"奔出去，出小区，过街道，下大桥，"落落"将众人越带越远，向着郊区一路狂奔，不知作何？

玲子说："家人都以为'落落'疯了，很想放弃与它这样漫无目的地跑下去。但是……"

"但是坚信它？"我急问。

"对！奔跑中我感觉到了'落落'的焦急和炽热。"玲子说，"当看见老父亲坐在老家门前，那种失而复得的情感汹涌而出，老人是想家了，故乡才是他心中的家吧。"

玲子还感怀道："当初父亲带回流浪狗'落落'，蓬头垢面的它很招人烦恼，家人几次悄悄扔掉它，都被父亲费尽心思找回来了，家人再也不敢冷落'落落'了。"

善待一草一物，一花一树，何尝不是善待我们自己呢。

佛说因果，种什么因，结什么果，看似虚无缥缈，却是玄妙得很。

网络热传过一段佛家经典爱情故事，也是这个理儿了，名曰"前世是谁埋了你"，讲一位书生将于某年某日某时与未婚妻子成婚，迎娶新娘那天，未婚妻却嫁给了别人。面对失妻之痛和夺妻之恨，深受打击的书生一病不起，这时有僧人游方而来，从怀中掏出铜镜，让书生仔细看。

茫茫大海边，书生看见一位逝去的女子一丝不挂地躺在沙滩上，有人路过，看了一眼便摇着头离开了。又过来一人，将衣服给女子盖上也走了，再走来一人，他默默地挖了一个坑，小心翼翼地将女子掩埋后才离开。僧人说，沙滩上那位死去的女子便是你未婚妻的前世，你是将衣服替她盖上的那个人，所以，她感恩于你，才有了今生的相恋情分，而她想要报答的人却是亲手掩埋他的那个人，现在成了她的丈夫。

书生恍然醒悟，不再执着失去，病也痊愈了。

这世间有因有果，就像落下花生，不会生出白菜，种下松柏，不会长出榕树，栽下玫瑰，不会开出茉莉，如此这般。

快乐就是做自己

随波逐流很容易，做真实的自己很难。活成快乐的模样，那便是最美的人生。

姑娘想去旅游，母亲说，一个人在外面，我哪放心你啊。

为了不让母亲担心，暑期打工赚到钱，姑娘瞒着家人，选择去了喜欢的城市或者向往的景点。大学四年，姑娘去过很多心仪的地方，边打工边旅游。

毕业后，姑娘想冬天爬泰山，有朋友劝说，此时的泰山风雪交加，山高路陡，如此恶劣条件下，上山很是危险呢。

但姑娘很是爱慕泰山的白雪皑皑，爱慕它"一览众山小"的豪迈。她决不会选择放弃。一周后，装备齐全的姑娘与几位年轻有经验的驴友出现在泰山脚下。发达的网络平台，让姑娘很快找到了志同道合的朋友，结伴出游。

有人说，姑娘，你喜欢旅游，外面不安全，随时随地带上一把水果刀防身吧。

姑娘笑，世间哪来那么多坏人，人生最大的风险，是没有规划好下一站什么时候出发。

姑娘将风景图片和旅游日记挂在博客里，一时间，转发她的博文，下载她的图片的博友不计其数。有人说，姑娘，他们这样做是侵犯你的版权啊。

姑娘开心一笑说，快乐就是有人愿意与你分享美好的东西，我高兴还来不及，怎会在意呢。

后来，有旅游杂志的主编发现了她的博客，很是欣赏，特意为她开辟旅游专栏。她从此成为真正的旅游达人，而且有了专栏记者的身份，想去哪儿都行，工作爱好两不误，可以走遍万水千山。

歌手庾澄庆唱道：

你快乐吗

我很快乐

只要大家和我们一起唱

快乐其实也没有什么道理

告诉你

快乐就是这么容易的东西

随着轻快的旋律和热情的气氛，听歌的人像一尾深海中的鱼儿般，自由自在地摇摆快乐起来，忘掉烦恼和苦闷，寻到开心与愉悦。如此美好，就像只有七秒记忆的鱼儿，不念过去，不问将来，活在当下。

我们一生中，拼命地想快乐，快乐却转瞬而逝。拼命地忘记忧愁，忧愁却如影随形。幸福、欢愉、甜蜜，美好的回忆都是短暂的，悲伤、烦恼、苦闷，痛苦的经历都是漫长的。我们容易患得患失，在迷惘中失去自我。

林清玄说："回到最单纯的初心，在最空的地方安坐，让世界的吵闹去喧嚣它们自己吧！"

将芜杂摈弃，让心空下来，回到本真，找回自我，"以清净心看世界，以欢喜心过生活，以平常心生情味，以柔软心除挂碍"，拥有干净透明的心灵，才能发现生活之美，过自己喜欢的人生。

每年高考成绩下来，几家欢喜几家愁。

这几日，隔壁老王进进出出总是耷拉着一张"马脸"，知道他家孩子镇宇今年高考，看情形成绩不理想吧，于是，我识趣地错开与他家人照面的时间，避免关切或不关切都很尴尬的情况发生。

不想，老王却主动地敲响了我家的门，希望我能劝劝镇宇，放弃高考志愿文学类的填报。

原来，事情并非我想象的那样，是镇宇的成绩考得非常理想，填报志愿的余地很大，老王希望儿子能选填热门的专业，然而，镇宇却固执己见的要报汉语言文学，说从小到大的梦想就是当作家。

"有几个作家能养活自己？"老王痛心疾首地斥责镇宇。

刚开始镇宇还对父亲晓之以理、动之以情地分析未来作家的前途，还有自己挚爱文学的原因，甚至还举例说邻家阿姨不也是在写作吗？

老王气不打一处来，眼看志愿填报日快到了，而镇宇却依旧坚持自己走文学之路的决定，任谁也不能让他回心转意。于是，就出现了眼前一幕，老王前来寻求帮助，希望我能劝说镇宇改变主意。

我不知道怎么开这个口了。

想来，镇宇高考优异，有喜欢的专业，这本是让众人高兴的大好事，却因与父母心中的理想专业不同，欢喜事一下子成了为难事，一家人都不快乐。

生活中，这样的事情比比皆是。

譬如孩子喜欢跳舞，家长却说画画多好，说不定今后还能有助于高考呢。

譬如孩子爱看课外书，家长却说有这工夫，不如多背背历史、政治，说不定还能提高点分数。

譬如孩子喜欢郊外，喜欢和朋友去旅游，家长却说，等高考完了，我们一家人好好出去玩一趟，你跟他们一起有什么好玩的？

孩子想的，总难合意家长们的心。于是，孩子与家长之间，就形成了心灵上难以逾越的鸿沟，交流阻碍，行动不利，处处受限。

镇宇有句话说得好："我不怕失败，我怕活成他们想要的样子。"

他们想要的样子是什么呢？

是父亲的复制品，是母亲的影子，是今后爱人眼里的画像，还是未来孩子心中的楷模，我们不得而知。

镇宇还说，一个做不好自己的人，如何做得好别人的样子？

是啊，失去自我，忘掉自我，哪还是真正的自己呢。

后来，镇宇主动与父亲长谈一宿，第二天，他终于如愿以偿，欢欣雀跃地填报了某重点高校的汉语言文学专业。

再后来，接到录取通知书的镇宇过来向我道谢，说阿姨想的办法真好，等我完成大学学业，一定去考研究生，选读父亲最喜欢的学科，如此便是两全其美呢。

快乐做自己，也要将快乐感染、传递给身边的所有人。生活中看似无解的问题或困苦，我们稍微用心，便会有更好的办法迎刃而解。

发现生活之美，不让初心蒙尘

生活之美无处不在，不要因为生活负累而放弃本我，让初心蒙尘。

无名山乃道教圣地，山上有一座清风观，风清气和，土腴泉洁，真是一泽福地，清修好去处也。

又因观内道长修行精深，善解烦恼，于此吸引了南来北往众多信徒前来寻生活的妙方。

春分，观内来了一位徐娘，向道长哭诉着求助，说自己和丈夫总是吵架，一言不合就动手，闹得家中鸡犬不宁，生活一团糟。

见徐娘心情不佳，道长便陪她山中转转，四处走走，所到之处，红花绿水，一片姹紫嫣红，欣欣向荣。

道长问："看到了什么？"

徐娘眺向远方，觉山野萌动，万物欣然，它们挤挤挨挨的，虽各自为阵，却是十分和谐。

"争妍斗奇，锦上添花。"徐娘说。

道长颔首，不再言语。徐娘俯身，冥思苦想。

"我知道了。"徐娘猛然间兴奋道，"万物和为贵，家和万事兴。"

徐娘心满意足下山去了。

夏初，又来了一位少妇，向道长控诉着新婚丈夫的种种不是。她说："结婚后他就变了，以前对我总是关心体贴，随叫随到，现在却是早出晚归，不着家门，回家后也是倒头就睡，对我不理不睬，他变心了。"

道长耐心听着，不时点头。少妇觉得，道长也认可她的想法。

此时，恰好有蜜蜂飞来，停在道院的月季花上，慢慢地允吸花蕊的芬芳，待吃饱喝足后才快速离开。

"做一只蜜蜂真好。"少妇道，"有花陪伴，有蜜可采，还自由自在。"

道长微笑，问："它将甜蜜带回了哪儿？"

"那当然是家啊。"少妇脱口而出，又心想，"他都是将工资、福利一分不少地交给我。可是……"

"你却忘记关心他的辛苦了。"道长好似读懂她心理道。

"我明白了。"谢过道长，少妇风风火火下山去。

秋末，山上来了一位老妪，一住就是一个月。每当看到观内落叶飘飞，她便长吁轻叹，说好景不常在，好花不常开啊。

道长不言语，只是陪她看。

一日，小道童端上一盘野果子，新鲜诱人，让人垂涎欲滴。

道长伸手道："尝尝看。"

"嗯，味道真好。"老妪连吃几个，不由赞叹，秋天的果实真好啊，心情也大好起来。她突然觉得，杏黄的落叶，萧瑟的秋风，其实也是极美极好的。后来，每年秋天，道观中就会出现老妪的身影，自若轻松。

入冬时，一场大雪纷沓而来，整整三天三夜，满山挂银，天地同色，皑皑中，山道上走来一位戴斗篷的少女，见了道长便跪拜哀求道："师父，帮帮我，怎么才能让我喜欢的男友回心转意？"

此刻，窗外的雪愈下愈大，道长说："等等吧。"

黎明时分，太阳从山那边跳出来，银色的山脉被点亮，像明亮透彻的灯盏，把天地点亮，真是处处都饱含希望的一天。

少女打开窗，一阵暗香扑鼻而来，院中腊梅，迎着冬日的凛冽，花苞笑得欲说还羞。

似懂非懂的少女心想，难道道长说的等等，就是看一株蜡梅盛大开放吗？

"哦，一定是。"蜡梅枝头俏，得经历春天蛰伏，夏日沉潜，秋季守藏啊，少女幡然醒悟，连忙与道长告别，踩着咯吱咯吱的积雪下山去，说男朋友正在家等她呢。

穿梭在城市中的我们，上班时总是忙忙碌碌，走在街道上总是行色匆匆，生活节奏太快，难免会觉得烦躁、压抑、紧张，生活很疲惫，身心无乐趣，尽显颓唐之气。

几位好友相约，说一起到山上散散心，小住几日。

想着这样的聚会经常会有，最近工作又忙，顺口便推掉了。不料筱筱却说，姐，来吧，我得了广泛性焦虑症，还有梅姐，她也是患了这病。筱筱的话越来越低……

我心一沉，愣神中应声说一定去。

筱筱是一位时尚的辣妈，人美会说话，是一个特招人喜欢的人，爱购物、爱打扮、爱美食，还爱老公爱孩子，朋友们都称她为爱家模范。

老公每天穿的衬衣，是她早晨熨烫好的。老公每日提的公文包，是她晚间整理好的。老公口袋中的钱包，是她随时放鼓囊了的。筱筱的老公一出门，优雅的装扮，绅士的气质，吸引了身边男女朋友，都羡慕他福气好，有个好媳妇。

但我们几个好朋友却不以为然，除了羡慕嫉妒恨，说筱筱太操心了，会很累的。筱筱却说，不累，除了他，我还得管孩子呢。

是啊，孩子没住校之前，筱筱也是操碎心，天天接送上下课，每日按照菜谱标准做营养餐，时时与老师畅通交流渠道，下雨了送伞，天热了送水，孩子在学校饿了，筱筱也会做好饭菜偷偷送去。

我们说筱筱这会惯坏孩子，她笑着说，就一个宝贝，我不给他最好的，给谁去啊。

老公和孩子都弄妥帖了，筱筱还不忘打扮好自己，与丈夫随时随地保持公子佳人般的美好匹配。

我们问筱筱，这样成天端着，不累吗？

筱筱想了想，说偶尔会有点，但很快就会被心满意足的感觉所淹没了。

筱筱说自己得了广泛性焦虑症的那一刻，这消息虽然很意外，却是有种意料之中的不自觉反应。

她生活的弦绷得太紧了，以至于丈夫觉得她的付出理所当然，埋怨她的爱像紧箍咒，没有个人的隐私空间。孩子也埋汰她，说母亲过多干涉自己，学校的同学都笑话他不独立自主，是没有"断奶"的小屁孩。

　　对于丈夫和孩子的"控诉"，筱筱默默地听着，虽然心中哀伤说再也不管他们了，隔夜后却是抛在九霄云外，依旧事无巨细、无怨无悔地打理着爷儿俩的吃穿住行玩，直到生病，不得不终止这种生活现状。

　　筱筱说，我是操心出来的病，医生说多出去走走，约朋友散散心，也许很快就好了。同时，梅姐也病了，说病得还不轻。

　　看到梅姐那一刻，我心中很是惊诧，原本高挑美丽的她，如今瘦得像棍儿，风一吹就要倒似的。

　　我心疼问梅姐，怎么好好一妇产科教授，就这样骨瘦如柴了？

　　梅姐摊开双手，甚是无奈地笑着说："医生就不生病了啊，我也是凡身肉体俗人。"梅姐打开话匣子，说起了自己的病因。

　　孩子三岁时，梅姐与丈夫离婚，后来再也没组建家庭，将儿子培养成出色的老师后，梅姐满足之余，心也空了，更多的时间扑在了工作上。

　　梅姐说，我的病症是回到家吃不好、睡不着，即使一顿稀饭，也能吃出咸咸的感觉来。以为肠胃出了问题的梅姐，就诊了几家三甲医院，用最先进的仪器检查，都说身体一切好好的。梅姐苦恼，身为医生，她也不知道如何是好了。

当筱筱的咨询电话打来时，梅姐猛然间联想，自己是不是和筱筱一般，都是得了广泛性焦虑症？

医生诊断，果真如此。

生活中，我们放不开的太多。工作中，我们放不下的太多。生命里，我们放不过的太多。

围着丈夫、孩子团团转的筱筱，没有太多精力关注外面的世界，无法发现周遭世界的变化和精彩，自然会被美好的事物所屏蔽、淹没。

梅姐的人生中，儿子和工作就是她的全部。

当儿子离开家后，看见空空如也的房间，梅姐孤独了。眼看快到退休的年纪，想着要离开热爱的岗位，梅姐寂寥了。梅姐心灵中，被不断的失去所占据，衍生出不舍和痛苦来，再多美好的收获，也尽是熟视无睹，毫不在乎。

其实，像梅姐和筱筱那般，有着隐痛和伤疤的人，生活中比比皆是。但是，每个人对待这些心灵创伤却截然不同，愈是心境开阔的人，愈会发现生活之美，敞开心扉之门。

后来，梅姐业余时间加入了徒步队伍，精神越来越抖擞。因为她医术高明，退休后被医院返聘回去，坐门诊时，她的办公室门前总是排成长队。

筱筱本来是想请保姆照顾爷儿俩，却被丈夫和孩子坚决挡下，说有他们做护花使者，筱筱便是这世间最幸福的"女王"了。

于是，有大把时间旅游、插画、瑜伽、读书的筱筱，愈来愈丰腴美丽，成了姐妹们心中的快乐"女神"。